KB034656

우리 아이도 미국유학 갈 수 있을까?

우리 아이도
미국유학
갈 수 있을까?

김영주 지음

미국 단기영어캠프, 홈스쿨링,
유학을 생각하는
부모들을 위해

SNOWFOX

미국에서 살았던 기숙사 앞 정원. 아이들도 좋아했다.

등교 첫날 선생님은 아이들에게 책을 읽어 주셨다.

학교의 핼러윈 축제 때 같은 반 엘리엇과 함께.

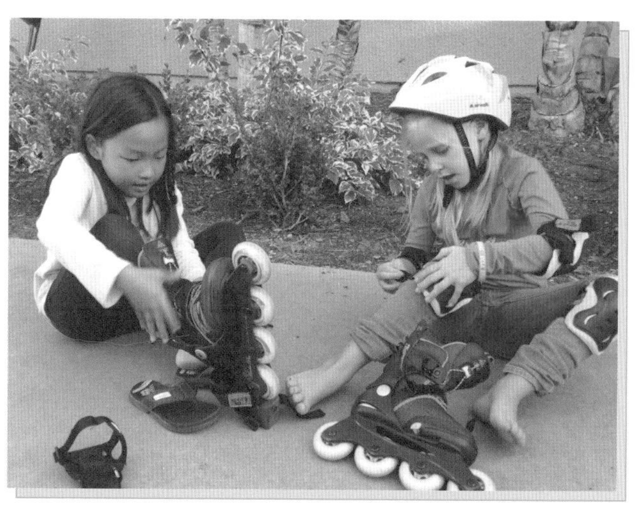

첫째 아이와 같은 반 친구인 루시는 독서광에 호기심이 많았다.

첫째가 등교 6개월 만에 학습과 인성 부분에서 노력한 것을 인정받아 수상을 했다.

미국 학교의 상징인 노란 스쿨버스. 소풍갈 때만 이용했다.

둘째가 딸기 농장으로 소풍을 가는 데 함께했다.

학교 오픈 하우스 행사. 1년 동안 아이들이 활동한 것을 전시한다.

백 투 스쿨 나이트. 1년 동안 어떻게 학급을 이끌 것인지 안내하는 자리다.

둘째의 졸업식 날 친구 브리튼과 함께.

포틀럭 파티에 학부모들의 참여는 필수다. 미국사람들도 잡채를 좋아했다.

포틀럭 파티. 아이들이 자유롭게 잔디밭에 앉아 대화를 나눈다.

한해의 마무리 종업식은 댄스파티로. 미국의 학교생활은 춤과 음악이 늘 함께 했다.

UCLA 여름캠프 첫날. 미국에서 기다림은 일상이고 훈련이었다.

시청 앞 광장. 독립기념일 불꽃놀이는 미국의 큰 행사 중 하나다.

기숙사 수영장에서. 아이들은 몇 번이고 물을 먹어도 다시 뛰어들었다.

겨울 방학 직전에 열리는 윈터 콘서트. 간단한 율동과 노래를 공연한다.

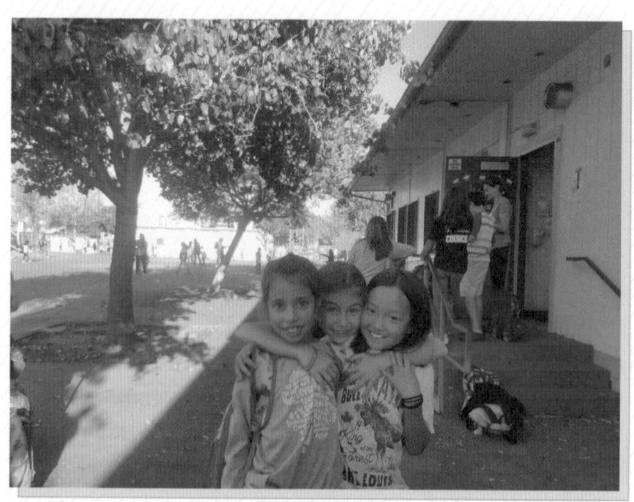

미국 초등학교에서의 마지막 날. 선생님 그리고 친구들과 작별인사.

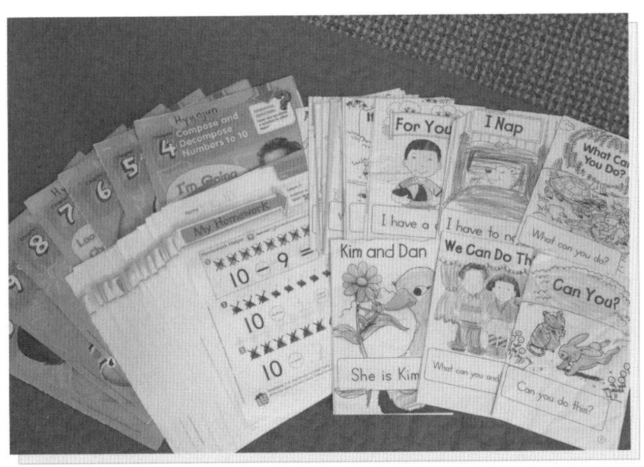

둘째의 교과서와 숙제들. 아이들의 포트폴리오를 정리하며.

워싱턴에서. 여행은 우리가족을 한층 성장시킨 원동력이었다.

미국 유학 시 캐나다여행은 필수다. 7~8월의 캐나다는 환상적이다.

화이트 샌드 국립공원. 자연의 아름다움에 매번 놀라고 감탄했다.

시애틀의 저녁. 아이들은 한동안 말을 잃고 눈앞의 풍경을 바라보았다.

화이트 샌드 국립공원 일몰. 미국에서 잊지 못 할 한때를 함께 보낸 것에 감사할 뿐이다.

부록

미국 초등 유학 일정 한눈에 보기

년도	월	상세 일정	일정 흐름
2015	11월	• 유학시기 결정	D-8개월
	12월	• 유학원 상담 및 결정, 지원서 작성 시작	D-7개월
2016	1월	• (남편)대학 원서 3곳 제출	D-6개월
	2월	• 최종 합격 통지 • 여권 재발급(국제운전면허증 동시 신청) • 기숙사 신청	D-5개월
	3월	• 아이들 학교 검색	D-4개월
	4월	• 집 알아보기 • 학교로부터 I-20 원본 받음 • 중순 대사관 인터뷰 예약(유학원)	D-3개월
	5월	• 비자 인터뷰 • 비자 발급 완료, 여권 택배로 받음 • 해외이사 예약	D-2개월
	6월	• 해외이사 짐 보냄 (배로 보냄, LA까지 40일)	D-1개월
	7월	• 출국! 미국 도착, 9일간 정착에 총력 • 7박 8일 캐나다여행	D-0개월
	8월	• 레크리에이션센터 여름 캠프 참석(4일) • 초등학교 오리엔테이션 및 입학식 • 1학기 시작 • 월요일 조회 시간 • 푸드 트럭 데이 • 튜터링 한 달 진행 • 학교 티셔츠 주문 • 백 투 스쿨 나이트	1개월
	9월	• 픽처 데이	2개월

2016	10월	• 생일파티 • 미국에서 아이들 병원 가기 • 아이들 책 읽어 주기 봉사 • 노란 책 읽기 시작 • 핼러윈 파티	3개월
	11월	• 친구들과 플레이 데이트 • 미국 대통령 선거 • 학부모 상담 주간 시작	4개월
	12월	• 미국 초등학교 시상식 • 포틀럭 파티 • 겨울 방학	5개월
2017	1월	• 2학기 시작	6개월
	2월	• 100th day of School • 아빠와 함께 춤을 • 밸런타인데이 • 프로젝트 숙제	7개월
	3월	• 2학기 학부모 상담 주간 • 펀 런 기부금 행사	8개월
	4월	• 스프링 픽처 데이 • 기념일 다음 날 마트가기 (이스터 홀리데이) • 소풍 • 청소년 북 페스티벌	9개월
	5월	• 인터내셔널 푸드 페스티벌 • 초등학교 오픈 하우스 행사 • 컵케이크로 생일 축하 • 한복 만들기 자원 봉사 • 킨더 졸업식	10개월
	6월	• 체리 따기 • 두 번째 포틀럭 파티 • 종업식 댄스 페스티벌 • 여름 방학 • 도서관 책 읽기 행사 참여 • UCLA 여름 캠프	11개월
	7월	• 독립기념일 불꽃놀이	12개월
	8월	• 새로운 학년 시작	13개월

2017	9월	• 마지막 북 페어 자원 봉사 • 한 달간의 튜터링 수업	14개월
	10월	• 핼러윈 파티	15개월
	11월	• 새로운 학년 첫 상담	16개월
	12월	• 윈터 콘서트 • 성적 증명서 떼기, 겨울 방학 시작, 작별 인사	17개월
2018	1월	• 귀국	18개월

아이들 학교 입학 관련 흐름도

<한국 출발 전>

1. 아이가 다니는 초등학교 담임 선생님에게 이야기한다.
2. 학적 담당 선생님과 상담한다.
3. 학적 담당 선생님이 필요한 서류를 알려 주면 준비해 간다(아래는 원고 본문 내용 가져온 것).
   - 취학의무면제원(개인적으로 가는 것인지, 부모님 따라가는 것인지 등에 따라 종류가 다르다)
   - 보호자의 해외 근무, 파견, 파송 증빙서류 (파견 대상자 명단에 회사명과 보호자 이름이 있으면 된다)
   - 전 가족 여권 및 비자 사본
   - 주민등록등본
   - 전자 항공권 발행확인서
   - 개인 정보 수집 이용 동의서
4. 서류가 완료되면 학교에서 내부 회의를 거쳐 승인이 난다. '취학의무면제승인통지문'을 받는다.
5. 재학증명서와 학교생활기록부를 부탁한다.
6. 아이가 태어난 병원에서 출생증명서를 영문으로 발급받는다.
7. 민원24 사이트에서 예방접종증명서를 영문으로 발급받는다.
8. 아기 수첩을 챙겨 간다.

<미국 도착 후>

9. 출국 사실 증명서(미국 도착 후에 출입국증명서를 스캔해서 학적 담당 선생님에게 이메일로 보낸다)
10. 집 주소가 정해지면 학군 안내사이트(http://www.greatschools.org/)에 들어가 배정받을 학교를 확인하고, 아이가 다니게 될 미국 학교에 입학 가능 여부를 묻는다. (사전에 확인필요) 가능 여부를 확인한 후 제출해야 할 서류를 받아 온다.
11. DWP에 가서 현재 거주지를 증명할 수 있는 전기, 수도세 신청서를 쓰고, 보증금을 낸 뒤 영수증을 받아 온다.
12. 미국 소아과에서 예방접종증명서를 보며 하나하나 확인하고 예방접종 기록Immunization Record을 만들어 준다(추후에 아이들이 미국에서 다시 공부할 때 필요할 수 있다고 하니 잘 보관한다).
13. 예방접종기록을 들고 학교에서 준 서류를 다 챙겨서 다시 학교로 간다.
14. 반 배정을 받는다.

<한국 귀국 전>

15. 한국에서 다니게 될 학교의 학적 담당 선생님에게 연락해 전학, 입학을 상의하고 관련 서류를 문의한다.
16. 미국 학교 사무실에 미리 떠나는 날짜를 얘기하고 서류를 부탁한다.
17. 성적증명서, 재학증명서 등을 받는다.

〈한국 도착 후〉

18. 예약한 날짜에 학교를 방문해 서류를 확인한다. 성적증명서, 재학증명서, 주민등록등본 등
19. 교육부 홈페이지 - 정책정보공표 - 초중고교육 - '외국 소재 초중고 학력인정학교(학적서류 간소화학교) 목록 안내' 공지글을 다운 받아 아이가 다녔던 학교가 학력인정학교인지 확인한다. 이는 미국 학교에 입학하기 전 알아 두어야 할 내용이기도 하다.
20. 기초학력테스트를 본다.
21. 반 배정을 받는다.

미국 유학을 다녀온 지 1년이 지난 지금도 문득 유학이 결정되던 날의 기억이 떠오른다. 그때 나는 아이들과 친정 식구들과 함께 식당에서 김치 찜을 먹고 있었다. 하얀 쌀밥에 김치를 얹어 맛있게 먹고 있었는데 전화가 걸려 왔다. 천안에서 근무하는 남편이 마칠 시간이어서 별 생각 없이 전화를 받았다. 그런데 곧 깜짝 놀라고 말았다. 수화기 너머에서 들려오는 남편의 말을 듣고는 내 귀를 의심할 수밖에 없었다.

"여보, 유학 합격했어! 1년 6개월이야!"
"뭐? 1년 6개월이라고? 정말? 정말?"

보통 1년짜리 연수는 많았지만 거기에 6개월이 더 추가된 경우는 많지 않았다. 마치 로또를 맞은 것 같았다. 이게 웬 행운인가 싶어 남편에게 묻고 또 물었다. 오랫동안 염원하던 일이었으나 정말 예상하지 못했던 소식이기에 기쁨은 두 배가 되었다. 그 자리에 함께 있던 가족 모두 환호하며 축하해 줬다.

좋은 소식에 더없이 감사한 마음과 더불어 걱정이 되는 것도 사실이었다. 유학 준비는 어떻게 해야 할지, 또 유학 기간 동안 무엇을 하면 좋을지, 그 시간을 더 알차게 보낼 방법은 무엇이 있을지 등 다양한 고민이 시작되었다. 그러다가 문득 예전 일들이 생각났고 바로 그 기억에서 내가 해야 할 일에 대한 답을 찾을 수 있었다.

우리 부부는 여행을 참 많이 다녔다. 결혼 후 나는 지방 근무가 잦은 남편을 따라 생전 처음 서울을 떠났다. 부산에서 2년, 천안에서 2년 반을 살면서 좋은 곳을 두루 다녔다. 아이들을 키우면서부터 주말마다 근교 나들이를 다니며 부지런히 추억을 쌓았다. 그 특별한 추억, 깨달음, 경험들이 지금의 나를 만들었고, 내 삶에 고스란히 녹아있다.

하지만 나는 그 소중한 순간들을 온전히 기억하지 못한다는 것에 대해 항상 아쉬웠다. 아무리 좋은 추억이라도 '아, 거기 갔었지. 그때 생각난다'라는 말밖에 할 수가 없었다. 한두 줄의 짧은 문장과 사진 몇 장에 그 수많은 일화를 담는 건 역부족이었다.

미술관이나 박물관, 맛집 등의 여행지를 다니며 느꼈던 생생한 그날의 감정들은 다 어디로 갔을까? 아이들의 어린 시절도 까마득했고, 제대로 된 육아 일기 하나도 없다는 것이 늘 안타까울 따름이었다.

그러던 내게 인생의 전환점이 될 수 있을 기회가 찾아왔다. 미국 유학이라는 감사한 선물을 받은 것이다. 인생에 다시없을 이 순간만큼은 오랜 시간이 지나도 꼭꼭 곱씹어 볼 수 있도록 잘 기록해 두고 싶었다. 온 가족이 함께 해외에서 살아 보는 처음이자 마지막 기회가 될지도 몰랐다.

미국이라는 낯선 환경에서 우리는 얼마나 많은 것을 보고, 듣고, 느낄 것인가? 예전처럼 '아, 그때 미국에서 살 때 좋았지. 여기저기 가 봤지' 같은 단편적인 기억만 남기고 싶지는 않았다. 내 안에만 담아 두는 것이 아니라 글로 쓰고 정리하는 것이, 귀중한 이 시간을 생생히 살아 숨 쉬게 하는 유일한 길이라는 확신이 들었다.

유학을 준비하는 시점부터 마칠 때까지 약 2년간의 여정을 꾸준히 기록했다. 블로그와 일기장, 에버 노트Evernote를 활용하여 글을 쓰고 사진을 찍고 정리했다. 덕분에 유학을 마친 후에 많은 양의 자료가 남았고, 이것들이 다른 사람들에게 작게나마 도움이 될 수 있는 방법이 있지 않을까? 라는 생각을 하게 됐다.

때마침 그즈음하여 아이와 함께 '○○에서 한 달 살기'가 유행하고 있었고, 해외에서 근무를 하거나 단기 유학을 가는 사람들의 수가 늘어나는 추세였다. 미국에서 수없이 겪을 낯선 상황에서 주어진 과제를 잘 수행해 나가려면 우선 마음 대비가 필요하다. 우리 가족의 이야기가 간접 경험이 되어 문제를 해결하고 앞으로 나아가는 데 보탬이 될 수 있겠다는 생각이 든다.

또한 이 책에는, 지금 당장은 미국 체류 계획이 없더라도 자녀교육에 관심이 있는 모든 부모님에게 충분히 활용가치가 있는 내용들이 담겨 있다. 전학으로 낯선 환경에 적응해야 하는 아이, 영어공부, 독서 습관, 학습 케어 부분 등 필요한 키워드에 따라 편하게 접근하여 아이디어를 얻어 가실 수 있길 바라는 마음이다.

아이들을 미국 초등학교에 보내는 일은 결코 쉬운 일은 아니다. 하지만 이 책을 읽는 모든 분들이, 유학 생활에 대한 두려움과 걱정보다 긍정적인 느낌을 받았으면 좋겠다. 아이들과 좌충우돌 성장해 나가는 하루하루의 풍경과 소소하지만 매 순간 충실했던 일상의 이야기들을 통해 충분히 즐기실 수 있었으면 좋겠다.

그러다 보면 자연스럽게 이런 생각이 솟아날 것이다.

'나도 이쯤이면 충분히 할 수 있겠어!'

'어디를 가든 사람 사는 곳은 다 비슷하구나!'

'나는 이렇게 알차게 보내고 와야지!'

20대의 나는 소위 미쳤다는 소리를 들을 정도로 정말 열심히 살았다. 그래서인지 결혼 후 전업주부라는 예상치 못한 인생의 좌표에 놓였을 때 방황의 시기를 겪었다.

그러던 어느 날 내 안의 오랜 상실감을 끝낼 좋은 기회가 찾아왔다. 미국 유학이 바로 그 기회였다. 미국의 광활한 자연과 새로운 문화를 온몸으로 접하고 부딪치며 중요한 사실 하나를 깨달을 수 있었다. 삶을 대하는 태도와 마음가짐에 따라 내 삶이 얼마든지 변할 수 있다는 것이었다. 비로소 나는 내게 주어진 모든 것에 진심으로 감사한 마음을 가질 수 있게 됐고, 마음의 평안을 얻었다.

미국 유학은 엄마로서, 아내로서 그리고 한 사람으로서 한 단계 성장할 수 있는 계기가 되어 주었다. 미국 유학에 관심이 있거나 자녀 교육에 고민이 많은 분들, 그리고 자녀의 양육과 동시에 자신의 삶이 희미해져 힘겨운 분들이 있다면 조심스럽게 이런 말씀을 드리고 싶다. 자책하지 말고, 두려워하지 말고, 현재 맡은 일에 최선을 다하면 그걸로 충분하다고. 내려 놓고 비우면 오히려 채워지는 경험을 할 수 있다고 말이다.

세상은 점점 글로벌화되며 엄청난 속도로 변화하고 있다. 이 책을 읽은 후 자녀 교육에 열린 마음과 넓은 시야를 한 조각 갖게 되시길 진심으로 소망한다.

2019. 05

【 차례 】

부록

Part 2 미국 유학 시작

1학기

2학기

1학기(한 학년 Up)

Part 3 미국 유학 마무리

남편과 나는 대학생 시절에 만났다. 대학 졸업 후 우리는 각자의 분야로 나아갔다. 결혼 후 우리는 때때로 해외 유학에 대한 이야기를 나눴다. 어느 정도 경력을 쌓고 나면 언젠가는 우리도 해외 유학의 기회를 가질 수 있지 않을까 라는 막연한 기대를 품고 있었다. 거의 10년 동안 기대하고 상상했던 일이 현실이 되는 순간이 찾아왔다. 2016년 여름 미국으로 유학을 가게 된 것이다.

1장

미국 유학 준비

01

유학 준비를 시작하며

남편과 나는 대학생 시절에 만났다. 대학 졸업 후 우리는 각자의 분야로 나아갔다. 남편의 직업은 다른 직종에 비해 유학의 기회가 많았고 결혼 후 우리는 때때로 해외 유학에 대한 이야기를 나눴다. 어느 정도 경력을 쌓고 나면 언젠가는 우리도 해외 유학의 기회를 가질 수 있지 않을까 라는 막연한 기대를 품고 있었다. 거의 10년 동안 기대하고 상상했던 일이 현실이 되는 순간이 찾아왔다. 2016년 여름 미국으로 유학을 가게 된 것이다.

정확한 시기가 결정된 것은 출국일로부터 약 8개월 전이었다. 처음 몇 달간은 시간이 충분하다는 생각으로 별다른 준비 없이 생각날 때마다 유학 생활에 관한 블로그 글을 읽어 보거나 책들을 사 모았다. 본격적인 준비는 디데이 5개월 즈음부터 시작했다. 그전까지는 잘 모르는 것들을 혼자 공부해 알아가는 것으로 준비를 대신했다면 이때부터는 서류 등의 실질적인 준비에 돌입한 것이다.

우선 유학원을 통해 미국 대학에 원서를 넣고 결과를 기다렸다. 우리가 선택한 유학원은 남편의 회사와 연계된 곳은 아니었지만, 남편 회사의 선배들이 그 유학원을 통해 미국 대학 입학과 관련된 사항을 진행했다고 하여 선택한 곳이었다.

출국 5개월 전인 2월의 어느 날, 남편이 지원한 3곳의 대학 중 한 곳에서 합격 통지를 받으며 미국 유학 준비에 한 발 나아갔다. 남편의 합격 후 가장 처음 진행한 일은 여권 연장이었다. 남편을 제외한 나와 두 아이는 모두 재발급을 해야 했다. 마침 국제운전면허증도 함께 발급해 주는 서비스가 있다고 해서 여권을 신청하면서 동시에 진행했다. 이렇게 신청을 할 때에는 여권용 사진만으로도 국제운전면허증을 발급해 주지만, 나중에 따로 지정 경찰서에 가서 신청할 때는 다른 규격의 사진을 찍어야 한다. 어차피 미국에서는 3개월 이상 거주할 경우 해당 주의 운전면허증을 취득하여야 하니 미리 여유 있을 때 발급을 받아 놓아도 괜찮을 듯싶다. 참고로 유효기간은 발급일로부터 1년이다.

여권 재발급 신청을 하고 집에 돌아오는 길에 들었던 생각은 '참 간단하구나'였다. 이렇게 간단한 줄 모르고 그동안 미뤘다니. 속이 후련했다.

당연한 이야기지만 유학 준비는 어렵고 부담스러운 일이었고,

좀처럼 수월하게 진행되지 않았다. 왜 그렇지 않겠는가. 혼자도 아니고 어린아이 둘을 포함한 한 가족이 문화도, 인종도, 언어도 다른 낯선 나라에 가서 산다는 것은 정말 만만치 않은 도전이었다. 알아야 할 것과 챙겨야 할 것이 산더미처럼 남아 있었다.

남편은 남편대로 회사 일을 정리하느라 바빴기에 미국 생활과 관련된 대부분의 것들은 내가 준비를 담당하게 되었다. 여행이 아닌 유학은 모르면 곧바로 손해로 이어지기 때문에 꼭 필요한 정보들을 놓치지 않으려 집중했다. 웬만큼 알겠다 싶다가도 '너 아직 이것도 몰랐어? 이런 것도 있어'라고 약 올리듯 새로운 정보들이 계속 쏟아졌다. 그렇게 나는 많은 날을 컴퓨터 앞에서 뜬눈으로 지새울 수밖에 없었다. 하지만 이렇게 열심히 공부하고 보니 유학 준비의 얼개가 잡혔다. 유학은 사실상 '정보전'이라는 말이 꼭 맞았다. 먼저 다녀온 경험자나 현지에 있는 다른 조언자들에게 정보를 듣고 미리미리 움직여야 한다.

나는 남편 회사에서 먼저 유학을 다녀온 선후배들을 통해 정보를 얻을 수 있었다. 이야기를 들으니 거의 모든 사람이 출국 한 달 전부터는 온몸이 두들겨 맞은 듯 아팠다고 했다. 그도 그럴 것이 짐을 보통 2주 전부터 본격적으로 싸기 시작하는데 그땐 하루가 마치 한 시간처럼 빨리 지나가고 거기에 부부싸움이 더해져 스트레스가 극심하니 미리 대비를 하라는 경고 섞인 충고가 많았다. 또한 유학지에 도착 후 한 달이 가장 힘들 테니 한국에서부터 보약을 꼭 챙겨 먹으라는 조언도 있었다.

그 이야기를 들으니 덜컥 겁이 났다. '나는 체력도 약하고 영어 실력도 부족한데 잘 해낼 수 있을까?' 다사다난한 삶의 서막이 열리는 것만 같았다. 그리고 이렇게 다양한 정보들을 얻고 보니 도움이 되는 부분도, 걱정이 되는 부분도 있었다. 일단 나는 귀담아들을 부분만 남기고 걱정은 미뤄 둔 채 차근차근 하나씩 준비를 해 나가기로 했다.

02

대학 기숙사 VS 아파트 렌트

미국 유학을 준비하는 분들의 가장 큰 고민 중 하나는 아마 '어디에서 살 것인가'이지 않을까 싶다. 일반적으로 유학생과 그 가족의 주거형태는 아파트, 기숙사, 타운하우스 이 세 가지다. 또는 스쿨링이나 여름 캠프로 아이와 함께 온 엄마들은 작은 부엌과 방 하나, 거실이 있는 레지던스를 이용하기도 한다.

보통은 커뮤니티나 수영장 등의 시설을 공동으로 사용할 수 있고 관리업체가 있어서 사무실을 통해 불편 사항을 해결할 수 있는 아파트 형태를 가장 선호한다. 주거형태는 지역에 따라 여건에 따라 너무나 다양하다. 나의 경우, 남편의 학교에서 제공하는 가족 기숙사가 있어 신청을 통해 들어갈 수 있었다. 아래에 그 과정을 소개한다.

미국 생활 주거 준비 #1 2월의 어느 날

늦은 밤 퇴근한 남편이 아이들과 잠들어 있던 나를 깨웠다. "여보, 우리 기숙사 신청을 바로 해야 되겠는데…." 난 그 말을 듣고 졸린 눈을 비비며 일어났다. 컴퓨터를 켜서 기숙사 신청 홈페이지에 들어갔다. 우리의 현 상황과 요구 사항들을 제대로 전달하기 위해 꼼꼼히 채워 넣고 빠진 부분은 없는지, 혹시 놓친 것은 없는 지 여러 번 체크를 했다. 무척 복잡한 과정이었다. 게다가 모든 항목이 영어로 쓰여 있으니 더욱 어려웠다.

개인 정보를 입력하여 로그 온Log On했다. 수업에 대한 1차 예치금Deposit을 내고 기숙사 신청비를 카드 결제한 뒤, 방 2개에 화장실 2개가 딸린 집을 1순위로 신청했다. 보통 가족이 사는 기숙사를 패밀리 하우징Family Housing이라고 하는데, 우리가 신청한 곳은 학교에서도 조금 먼 곳에 자리하고 있었다. 기숙사가 아닌 학교 주변의 아파트는 월세가 두 배 가까이 된다고 하니 꼭 배정이 되었으면 하고 기도했다.

미국 생활 주거 준비 #2 3월의 어느 날

거주지를 정할 때는 미리 학군을 검토해야 한다. 학군은 아이들의 교육에 많은 영향을 주기 때문에 미국 유학을 준비하는 엄마들이 가장 신경쓰는 부분이기도 하다. 나는 남편이 다닐 학교가 정해진 이후 학군에 대해 상세하게 살펴보기 시작했다.

거주지 내에 위치한 학교를 좀 더 자세히 알아보고 싶다면 다음의 홈페이지에 방문하는 것이 도움이 된다. 그레이트스쿨(http://www.greatschools.org/)에 들어가서 내가 살게 될 집 주소를 치면, 그 집에 사는 아이가 배정받는 초등학교, 중학교, 고등학교의 정보를 볼 수 있다. 아이들의 학업 성취도는 물론이고, 인종 비율, 각 학생의 모국어 비율, 선생님에 대한 평가, 학부모 리뷰 등 많은 정보를 담고 있다.

나는 우리가 신청한 기숙사에서 살게 될 경우, 아이들이 다니게 될 학교를 찾아봤다. UCLA 가족 기숙사는 남편처럼 석·박사 유학생이 많았다. 검색된 초등학교도 그 자녀들이 주로 다니는 학교이다 보니 학업 점수는 높았다. 다방면으로 평가한 점수에서 10점 만점에 10점이었다. 하지만 한 가지 걸리는 부분이 있었다. 인종 비율을 살펴보니 아시안Asian 41%, 백인White 30%, 히스패닉Hispanic 16%, 흑인Black 9% 였다. 미국 초등학교를 다니는 여러 이유 중 하나가 영어 공부인데, 거의 절반 가까운 학생들이 영어를 자유롭게 구사하지 못하는 아이들이라면? 과연 우리 아이들이 영어를 많이 배울 수 있을까? 같은 반에 한국 아이가 평균 2명~5명이라니 적응은 쉽겠지만 영어 배우기는 물 건너가는 것이 아닐까? 머릿속이 복잡해졌다. 솔직한 심정은 그랬다. 나 자신이 영어가 능숙하지 못했기에, 내 아이들만큼은 영어를 잘하기를 바랐다. 미국 유학은 다시없을 좋은 기회였고, 나는 이 기회를 최대한 살리고 싶었다.

고민 끝에 결국 나는 다른 지역의 집들을 알아보기로 했다.

미국 생활 주거 준비 #3 4월의 어느 날

현재 미국에서 유학 생활을 하고 있는 선배의 소개로 미국 현지 부동산 중개인을 소개받았다. 유명 연예인들을 비롯해 한국 사람들도 많이 산다고 알려진 어바인Irvine에서 부동산 중개업을 하는 헬렌이라는 한국 여자 분이었다. 미국 생활을 준비하는 데 있어 걱정도 많고 무지한 나에게 무척 친절하게 대해 주어 마음 편히 집을 알아볼 수 있었다. 주로 카톡과 보이스톡으로 연락을 주고받았다. 아이들이 있기 때문에 카펫이 없고 채광이 잘 되는 집을 부탁드리자 우리 가족 조건에 맞는 좋은 집을 소개해 줬다. UCLA 기숙사 동네 분위기에 대한 정보도 얻을 수 있었다.

집을 구할 때 주로 아래의 사이트들을 통해 살펴봤다. 그리고 헬렌이 나의 조건에 부합하는 집들을 찾아서 부동산 내부 사이트 같은 곳에 올려놓고 내게 이메일을 보내 주면, 이메일 링크를 따라 그 집의 사진과 전반적인 사항을 볼 수 있었다.

Redfin.com

Rent.com

Zillow.com

Apartments.com

map.google.com

greatschools.org

남편은 UCLA로 통학을 해야 하므로 브렌트우드Brentwood, 웨스트우드Westwood, 산타 모니카Santa Monica, 비버리 힐스Beverly Hills, 풀러턴Fullerton, 마리나 딜 레이Marina Del Rey 등을 후보지로 뒀다. 초등학교 중에서는 워너 애비뉴Warner Avenue, 페어번Fairburn 초등학교가 가장 마음에 들었다. 학교 평가 리뷰 란을 보면 학부모를 비롯한 졸업생 부모, 동네 사람들이 그 학교에 대해 어떻게 평가했는지를 읽어볼 수 있는데, 대체로 이 두 학교가 평이 좋아 보였다. 백인 비율도 80%에 육박했다. 나는 이 학교들이 어떤지 헬렌에게 물어봤다.

헬렌의 말에 따르면 그 학교에 배정받으려면 월세가 아주 비싼 부자동네에 집을 구해야 한다고 했다. 만약 저렴한 집을 구하더라도 그런 동네에서 가격이 낮은 집은 분명 이유가 있으며, 안 좋은 집을 구하게 될 수도 있다는 말을 덧붙였다.

나는 더 많은 정보를 얻기 위해 또 다른 분께도 도움을 청했다. 미국 사립 초등학교 입학 정보를 문의했던 유학원 대표님과의 통화를 통해 유용한 정보를 얻을 수 있었다.

백인들이 많은 학교의 경우 아시안이나 다른 인종에 대해 우호적인지, 차가운지 직접 가 보고 판단하는 것이 좋고, 교장 선생님이나 담임 선생님을 비롯해 학생, 행정실 직원 등 다양한 사람들과 대화하여 얻은 정보를 종합해서 결정할 필요가 있다는 조언이었다. 실제로 회사 동료로부터 자녀들이 인종차별로 불이익이나 적응에 어려움을 겪은 적이 있다는 이야기를 종종 들을 수 있었다.

백인 마을에서 두 아이가 잘 지낼 수 있을지, 또 미국 초등학교는 학부모가 참여하는 학교 행사가 많다던데 영어 실력이 부족한 엄마가 아이들을 잘 챙겨 줄 수 있을지 걱정이 늘어 갔다.

물론 금액적인 부분도 고려해야 했다. 충분하리라 예상했던 3,000불로도 만족스러운 월셋집을 찾기가 힘들었다. 예산이 정해져 있으니 금액을 더 키울 수는 없었다. 남편은 이래저래 신경 쓰지 않고 기숙사로 들어가기를 희망하고 있었는데, 기숙사는 월세 1,600불로 1년간 계약할 수 있는 조건이었다. 내가 알아보고 있는 집들에 비하면 거의 반값인 셈이었다. 결과적으로는 1년 동안 약 16,000불, 한화로 2천만 원 정도를 절약할 수 있었다. 결코 적은 금액이 아니었기에 나는 선택해야 했다.

누군가는 '무조건 기숙사에 들어가야지 왜 고민을 할까?'라고 생각할 수 있겠지만, 나는 아이들을 최우선적으로 생각했기에 고민이 될 수밖에 없었다. 아이들이 영어에 귀가 트고 말문이 터질 수 있는 최선의 환경을 제공해 주고 싶었기 때문이었다. 하지만 한편으로 이 부분은 비용 대비 투자 가치가 있는 일인지 아닌지 직접 경험해 보지 않고는 알 수가 없는 일이기도 했다.

답답한 마음을 안고 이런저런 고민을 거듭하던 차에 뜻밖에도, 어느 블로그에 올라와 있는 사진을 보고 마음이 움직이기 시작했다. 그 블로거는 아이들의 장난감과 파티 용품, 소품이 즐비한 미국 쇼핑몰의 사진을 올려놓았다. 예쁘고 사고 싶은 게 가득해 자꾸 눈길이 갔다. 평소 아기자기하고 귀여운 물건들을 좋아하던 나는 홀딱 반하고 말았다. 또한 고등학생 튜터가 아이들의 학교 숙제와 영어를 봐주는 사진을 볼 수 있었다.

그러다가 이런 생각이 들었다. '그래, 월세로 다 깔고 앉으면 안 돼. 생활비를 쪼개고 아껴 살아야 한다면(물론, 과소비한다는 것은 아니지만) 스트레스가 만만치 않을 거야.' 집세에서 아낀 돈으로 영어 책이나 영상물, 체험 활동, 캠프 등 다양한 채널을 활용해서 아이들에게 인풋input을 해 주자고 마음먹었다. 그렇게 다시 처음 생각했던 기숙사로 방향을 틀었다.

한 달간 집을 알아보기 위한 나의 종종거림은 모두 수포로 돌아갔지만 이 또한 좋은 경험이었다. 그렇게 우리의 집구하기는 일단락이 되었다.

03

비자 발급 받기

유학원을 통해 남편의 대학 입학을 진행했기에, 비자와 관련된 업무도 함께 부탁을 드렸다. 남편은 회사일로 너무 바빴고, 나는 두 아이를 돌보느라 힘들다는 핑계 아닌 핑계로 애초부터 직접 진행할 엄두를 내지 못했다. 도움을 받을 곳이 있다는 것에 감사하며 비자 인터뷰를 진행했다. 수수료는 예상보다 크지 않았다. 하루 차이로 우리 부부의 비자가 먼저 도착했고, 5년짜리 아이들 여권이 뒤이어 택배로 왔다.

주변에 보면 비자 문제로 고민하는 분이 많다. 하지만 차근차근 하면 누구나 할 수 있는 일이니 너무 크게 걱정하지 않아도 된다. 아래 우리 가족의 비자 처리 과정에 대해 정리해 본다.

4월 초, 학교로부터 I-20 원본이 도착했다. 이 서류는 입국 시에는 물론 학교에 가서도, 미국에서 지내는 내내 아주 중요한 서류이므로 잘 관리해야 한다.

4월 중순, 유학원에서 대사관에 비자 인터뷰 날짜를 예약해 주었다. 그날로부터 한 달 이내의 서류들만 유효하므로 날짜를 보아가며 준비하면 된다. 남편은 회사에 따로 요청해 재직증명서와 재정보증서를 받았다. 서류 준비와 동시에 유학원에 비자 신청비와 수수료를 입금했다.

4월 말, 사진을 미리 준비해야 하는데, 나는 친정 가족 모임이 있을 때 차려입은 김에 근처의 사진관에서 찍었다. 사진은 그 자리에서 바로 파일을 받아 유학원에 송부했다. 참고로 미국 비자 사진은 세 군데 정도 문의하니 동일하게 1인당 2만 원이었다.

비자 처리 과정에서 준비할 서류는 아래와 같다. 참고로 남편은 회사에서 연수를 가는 것이기에 학생 비자를 받기가 수월했다. 게다가 학비와 생활비에 관련하여 회사로부터 재정보증을 받을 수 있고 한국에 무조건 돌아와야 하는 상황이기 때문에 쉽게 비자를 받을 수 있는 조건이었다. 하지만 일반적인 학생 비자 인터뷰를 준비하시는 분들은 자신의 요건에 필요한 서류를 좀 더 자세히 확인하시길 바란다.

비자 처리 과정에서 준비할 서류

- I-20 원본 – 학교로부터 받을 수 있다(만약 빨리 도착하지 않으면 학교에 문의해서 리마인드해 주는 것이 좋다).
- 여권 – 여권 유효기간 확인하고 2개월 전에 준비하기
- 비자 사진 1장 – 최근 사진이 필요하기 때문에 사진관에서 찍기
- 재직증명서(영문) – 회사로부터 받기
- 재정보증서(영문) – 회사로부터 받기
- 소득금액증명원 최근 3년(영문) – 집에서 홈택스(www.hometax.go.kr) 사이트 들어가서 떼기
- 직장의료보험증 사본 또는 건강보험료 납부 확인서 최근 1년(국문) – 국민건강보험공단 사이트 통해 집에서 떼기, 혹시 모르니 의료보험증 복사(사본)해 두기
- 주민등록등본(국문) – 주민 센터(민원24 사이트 www.gov.kr)를 통해서 뗄 수도 있다.
- 가족관계증명서(국문) – 주민 센터(민원24 사이트 www.gov.kr)를 통해서 뗄 수도 있다.
- 사원증(인터뷰 시 패용)
- Admission Offer Letter – 학교로부터 받은 서류 잘 챙겨 두기 (서류 오는 순서 ① 합격 메일 ② Offer letter 원본 ③ I-20 원본)
- 비자 신청서 작성(DS-160) – 유학원에 맡기기(유학원에서 대신 작성을 해 준다)
- SevisFee 납부영수증 – 유학원에 맡기기(유학원에서 대신 작성을 해 준다)
- 비자 인터뷰 예약확인서 – 유학원에 맡기기(유학원에서 대신 해 주지만 세 가지 서류는 등기 등으로 받아서 챙겨 두자)

이런저런 준비를 하다 보니 어느덧 비자 인터뷰 날이 찾아왔다. 오전 10시에 미국 대사관 인터뷰를 예약했지만, 무조건 빨리 가는 게 상책이지 싶어서 오전 9시에 도착했다. 접수창구에서부터 벌써 줄이 늘어서 있었다. 사람이 많다 보니 정작 우리가 입장한 시간은 9시 40분이 다 되어서였다. 예약한 시간이 임박한 사람들은 긴 줄을 보며 발을 동동 구르고 있었다. 이렇듯 경험해 보니 되도록이면 오전 시간에 인터뷰를 예약하고, 예정된 시간보다 일찍 도착할 것을 추천하고 싶다.

유학원에서는 따로 짐을 보관할 곳이 없으니 소지품을 간소화하고 간단한 서류 가방 안에 서류만 넣어 가는 게 좋다고 조언해서 그렇게 했는데, 실제로는 가방을 챙겨 온 분도 많았다.

접수 후에는 오른쪽에 있는 문으로 들어간다(이 문은 항상 잠겨 있고, 안에서 탁 소리가 나야 열린다). 이때 보안 검색대를 거치는데 핸드폰은 전원을 끄고 제출한 다음 대사관 안쪽으로 들어간다. 대기하면서 보니, 인터뷰 예약확인서나 학교 입학 허가서 등의 서류를 못 챙겼거나 잘못 가져온 학생들도 있었다. 오전 시간이라 그랬는지 담당자는 학생에게 3시까지 서류를 가져올 수 있겠냐고 묻기도 했다. 오전 인터뷰가 여러모로 좋은 것 같았다.

비자 인터뷰는 2층에서 이뤄진다. 올라가면 다시금 1차로 서류 확인하고, 2차로 여권과 서류를 컴퓨터에 입력하고, 번호표를 받는다. 딩동 소리와 함께 번호가 뜨면 3차로 영사와 인터뷰를 하게 된다. 은행 창구처럼 생겼는데 투명 플라스틱 보호막을 사이에 두고 서서 마이크로 얘기를 나눈다. 우리는 영어로 했지만, 앞에 어떤 여자 분은 한국어로 얘기하고 뒤에 통역사들이 통역을 했다.

우리를 인터뷰 한 영사는 키가 180은 되어 보이는 금발의 여자 분이었다. 인터뷰는 생각보다 길지 않았다.

영사 : 안녕, UCLA 가는 것 축하해.

질문 1 : 아이들이 미국에서 태어났니?

질문 2 : 미국에 가 본 적 있니?

질문 3 : 직업이 무엇이니?

영사 : 플러튼(집을 구하려고 했던 후보지 중 하나)에 가면 맛있는 레스토랑 많고, 좋아. 미국에서 좋은 시간 보내고 와, 축하해.

인터뷰는 거의 1분 만에 끝났다. 영어로 어물어물 답변하는 남편의 목소리가 뒷사람도 다 들을 수 있을 만큼 커서 조금 부끄러웠던 것만 빼면 인터뷰는 쉽게 끝났다. 특히 내게는 어떤 질문을 할까 걱정했었는데 다행이었다. 아마도 F1 비자는 비자를 받는 당사자가 중요하고, 부부관계였기에 내게까지는 질문이 돌아오지 않았던 것 같다. 회사를 통해 가는 유학 비자 신청의 경우 발급이 어렵지 않다는 이야기를 미리 전해 듣긴 했지만 그래도 인터뷰는 긴장되는 경험이었다. 때문에 긴장이 풀릴 즈음 들려온 비자 발급을 축하한다는 말은 매우 듣기 좋았다.

바쁜 일주일이었다. 월요일에 인터뷰를 잘 마치고, 화요일에 택배로 여권을 받아 보고, 수요일에는 아이들 여권이 도착했다. 준비 과정이 순탄하게 흐르고 있다는 것에 감사할 뿐이었다. 비자 발급 과정을 겪고 보니 값을 치르더라도 전문가의 힘을 빌리길 잘했다는 생각이 들었다. 여러 준비로 바쁜 우리의 시간과 에너지의 낭비를 줄일 수 있는 방법이었다.

04

미국으로 짐 보내기 I

점차 줄어드는 달력의 날짜를 보며 하루에 하나씩 일을 해 나가리라 다짐을 했다. 한눈에 보이도록 A4용지에 달력을 그려서 출국일을 디데이D-day로 표시해 놓고 앞으로 며칠이나 남았는지 가늠하면서 준비를 했다. 막판에 너무 급하게 일을 처리하게 될까 봐 만들어 봤는데 눈에 보이지 않는 시간이 이미지로 시각화되니 준비하는 데 도움이 됐다.

월	일정	디데이 날짜
11월	유학시기 결정	D-8개월
12월	유학원 상담 및 결정 & 지원서 작성 시작	D-7개월
1월	(남편)대학 원서 3곳 제출	D-6개월
2월	최종 합격 통지 받음	D-5개월
	여권 재발급(국제운전면허증 동시 신청)	
	기숙사 신청	
3월	아이들 학교 검색	D-4개월
4월	부동산중개인 소개받아 집 알아보기	D-3개월
	학교로부터 I-20 원본 받음	
	대사관 인터뷰 예약 하기(유학원)	

시간은 점차 빠르게 흘러 D-50일이 코앞에 다가왔다. 몇 권의 심플 라이프, 미니멀 라이프, 정리에 관한 책을 읽으며 불타오른 의지로 살림 정리를 단행했다. 버리고 버렸는데도 집안 분위기는 놀라울 정도로 차이가 없었다. 끝도 없이 나오는 살림을 보니 새삼 나 자신이 미니멀 라이프와는 거리가 먼 사람이었구나를 깨달았다. 어쩌나 차곡차곡 잘 쌓아 두고 숨겨 뒀는지, 그래서 그렇게 많이 버려도 티가 안 났다.

해외이사 업체는 일반적으로 많이 이용하는 현대해운과 지인이 추천한 대한글로지스 중에 가격이 더 저렴한 대한글로지스(http://www.kgls.co.kr/)를 선택했다. 배로 40일 정도 소요되는 것을 감안하여 6월 초순에 짐을 보내기로 했다. 가장 최소 단위인 3큐빅CBM(큐빅은 항공이나 선박의 이삿짐 단위에서 사용하는 부피 단위/1큐빅은 드럼세탁기 1개 부피를 나타냄)을 계약했다. 무게 제한이 없으므로 책과 같은 무거운 짐이 많은 사람이 이용하면 좋다고 한다. 서비스에 대한 평가는 결과적으로 짐을 받아 봐야 알 수 있고 사람마다 느끼는 점도 다르겠지만, 개인적으로 내가 이용한 업체는 담당하시는 분도 친절하시고 가격도 만족스러웠다. 해외로 짐 보내는 방법은 일반적으로 아래와 같다.

우체국 선편 택배

미국 내 타 지역으로 가는 지인들의 말을 들어 보니 국제 선편이 가능한 5호를 10개 정도 보냈다고 한다. 박스당 10~13kg까지 가능하고 3~4만 원선이다. 어떤 분은 6호로 보냈다는데 1개당 6만 원씩 14개를 보내 80만 원 조금 넘게 나왔다고도 한다. 각자 짐 무게마다 비용 차이가 있다.

업체 이용 해외이사(최소 단위 3큐빅 75만 원 선)

현대해운 드림 백이라는 서비스가 있다. 3단 이민 가방 정도의 부피가 되는 짐을 개당(LA 기준) 129,000원에 보내 주는 서비스이다. 현지에서 직접 업체를 방문해 수령하면 가방당 20,000원 할인을 받을 수 있다. 무게 제한은 35kg이다. 이런 서비스는 이곳에만 있는 것 같다.

만약 LA 지역으로 간다면 이 서비스를 이용해 보는 것도 괜찮아 보인다. 우체국 택배와 가격 차이가 크게 없고, 종이 박스보다 가방이 더 튼튼해 보이기 때문이다. 단점은 가방의 소프트함 때문에 가전이나 가구를 보내기가 힘들다는 점이다. 참고로 그 외 해외이사 업체로 퓨맥스, GLS Korea, 고려익스프레스 등이 있다.

출국 시 직접 가져가기

대한항공 기준 1인당 2개, 23kg까지, 4인 가족일 경우 총 8개까지 가능하다고 한다. 카시트는 짐으로 카운트 되지 않아 유모차처럼 게이트Gate에서 주고받으면 되고, 골프백은 2개일 경우 한 개로 묶어서 이민 가방 1개로 친다고 한다. 이민 가방 규격은 대한항공 홈페이지에서 직접 확인해 봐야 하는데, 알아본 바로는 가로세로 길이의 합이 158cm 이하 즉, 2단 가방 정도의 크기다. 3단이 가능한지 전화로 문의해 보니 짐의 무게나 개수 등에 따라 가능 여부가 달라진다는 답변을 받았다. 우리는 해외이사를 예약하긴 했지만 출국 시 가져갈 이민 가방 2개를 따로 세일 때 구매해 두었다.

처음엔 나도 우체국 택배를 고려하기도 했다. 하지만 박스 당 23kg이 넘으면 짐을 보낼 수 없었기 때문에 박스의 무게를 체크하며 짐을 싸야 한다는 점이 고민이 됐다. 일일이 가방 무게 재 가며 나눠 싸려면 골치가 아플 것 같았다. 더구나 마지막에 직접 우체국까지 싣고 가야 하는 번거로움을 생각하니 막막했다. 나는 결국 소규모 해외이사업체에 맡기기로 했다.

거실 한쪽에 가져갈 짐을 모아 놓으면, 업체에서 방문해 포장까지 해 준다니 할 일이 절반으로 준 것 같은 느낌이었다. 보험도 되고, 현지에서 최대 1달 동안 무료로 짐을 보관해 주는 서비스도 있어 미리 보내 놓은 후 출국일에 맞춰 신청하면 바로 짐을 받아볼 수 있어서 더 좋았다.

이사 업체까지 정한 마당이었지만 가장 핵심적인 문제 하나가 남아 있었다. '짐을 그렇게 많이 가져가야 하는 것인가?' 해외이사의 최소단위는 3큐빅이기 때문에 이사의 기본 금액은 75만 원부터 시작한다.

누구는 LA는 대도시니까 모든 게 다 있으니 빈손으로 가서 현지에서 많이 사라고 했다. 그리고 또 누구는 집에 있던 아이들 책을 많이 가져가라고도 하고, 살 땐 사더라도 당장 필요한 것들은 어느 정도 챙겨야 한다고도 말했다. 각자 성향 차이가 있을 것이니 누구 말이 옳다 그르다 할 수 없다.

우리는 귀국 예정인 회사 선배의 짐을 현지에서 모두 물려받기로 했기 때문에 크게 가져갈 것이 없기도 했다. 그러나 나는 국내에서 10번 이상의 이사 경험을 바탕으로 미루어 볼 때, 아이들과 지내면서 물건을 사러 다니는 일이 절대 쉽지 않다는 생각이 들었고 당장에 필요한 것들은 챙겨 가기로 했다. 물론 그 안에서도 선택과 집중이 필요했다.

아이들 책 4박스, 나와 남편 책 1박스를 비롯해 곧바로 사용할 살림도 어느 정도 챙겼다. 가전은 거의 챙기지 않았다. 가구도 가져가지 않으려고 했는데, 업체 담당자 분의 말에 따르면 어차피 책장이나 서랍장 같은 것은 그 안에 짐을 다 채워서 가기 때문에 수납이 가능한 가구는 가져가도 좋다고 한다. 선배로부터 가전과 가구, 기타 살림을 물려받는 것은 미국 도착 일주일 후이기 때문에 밥상 겸 책상으로 쓸 수 있는 아이들 공부상은 하나 가져가기로 했다. 계약금으로는 20만 원을 입금했고, 이삿날은 6월 초로 예약했다.

05

미국으로 짐 보내기 II

약속한 날 아침 9시쯤 해외이사 직원 분이 오셨다. 상자와 종이 포장재를 따로 준비해 오셔서 뚝딱뚝딱 금세 끝이 났다. 짐 리스트 체크하고 서류 작성 후 10시가 조금 넘어, 우리의 살림은 우리보다 한 발 먼저 머나먼 여정을 떠났다.

지난 주말에 작은방에 모아 두었던 짐을 모두 꺼내 신랑이랑 하나하나 체크하면서 거실로 짐을 옮겨 놓았다. 한동안 거실에 짐이 가득했다. 짐을 보내고 식탁에 앉아 텅 빈 거실을 보고 있자니 우리가 정말 미국에 가는구나 싶었다. 그날 이후로 짐에 이것도 넣을 걸, 저것도 빠트렸네 하는 것들이 계속 보였다. 나름 준비한다고 했지만 더 꼼꼼히 챙겼어야 했나 아쉬운 생각도 들었다.

당연한 얘기겠지만 유학을 갈 때 챙겨야 하는 짐의 상세 리스트는 유학을 가는 곳의 기후, 주거환경, 개개인의 라이프스타일에 따라 천차만별이다. 아래의 짐 체크리스트는 우리 가족을 기준으로 작성된 내용이므로 참고하면 좋겠다.

짐 체크리스트

우리가 거주할 곳은 미국의 서부 캘리포니아주에 위치한 LA지역이다. 이곳은 연중 햇살이 강렬하고 비도 잘 오지 않는 써니 캘리포니아다. 겨울옷이 필요 없기 때문에 짐의 부피가 홀쭉한 편이다.

- **한국에서 미국으로 보낸 짐 목록**

  이불 면 패드 얇은 거 2장
  한복(여아, 남아 한 벌씩)
  정장 세트(남편 여름 양복, 긴팔 흰 와이셔츠, 정장 구두)
  각종 상비약(감기약, 소화제, 눈 다래끼 약, 후시딘, 마데카솔, 안연고, 멍 연고, 아토피 피부연고, 아시클로버 연고, 멸균거즈, 3M 살색 테이프, 포비돈, 밴드1통, 더마플라스트 혼합용 3통, 알레르기 안약, 소청룡탕, 해열제 등등 생각나는 대로 챙김)
  수건 4장
  속옷, 아이들 7부 내복
  플리스 점퍼(온 가족 1벌씩)
  여름옷 위아래 2~3세트
  어학용 오디오 플레이어
  트랜스 2KVA, 돼지코, 멀티탭(순전히 어학용 기기 때문에 삼)

음식류(멸치, 새우, 다시마, 김, 후리카케, 햇반)

수영복, 튜브(물놀이 용품 기타 등등)

식기류(볶음팬, 프라이팬, 압력냄비, 스텐 볼, 스텐 그릇류, 플라스틱 그릇류, 채반, 다회용 도마, 칼, 과도, 채소 탈수기, 차퍼, 수저, 뒤집개, 주걱, 나무젓가락, 수세미, 일회용 세제 등이며 팬 종류는 임시로 사용할 거라 싼 걸로 넣음)

비닐, 지퍼 백, 위생장갑(쓰다가 남은 거 조금)

필기구(네임펜, 형광펜, 볼펜, 아이들 연필, 파스넷, 색종이, 스카치테이프, 박스테이프)

아이용 책(전집 2질, 단행본들, 문제집 몇 권, 영어책, DVD, CD)

어른용 책(유학 관련 책, 사 놓고 안 읽은 고전들)

공부 책상

여벌 안경, 렌즈

여성용품(집에 있던 만큼만)

운동 기구(인라인, 자전거, 배드민턴 세트)

전통 책갈피(선물용)

- **정리할 짐 목록**

친정으로 보낸 짐들 : 압력밥솥, 데스크톱 컴퓨터, 어학기, 이불, 남은 양념과 먹거리, 조카에게 물려줄 옷과 장난감, 책, 3단 책장

시댁으로 보낸 짐들: 남편 책들, 옷과 장난감 그리고 책

중고상으로 보낸 짐들 : 냉장고, 세탁기, 가스레인지, 장롱, 아기 식탁의자

- **빠트린 짐 + 출국 시 가져갈 짐 목록**

휴대용 DVD 플레이어

노트북

카메라
슬리퍼
여행서, 성경책, 쓰던 필기구, 노트 등
USB, 외장하드, 서류 파일, 은행 관련 등

짐을 정리하다가 문득 우리보다 앞서 미국으로 떠난 지인 분의 말이 떠올랐다. 도착해서 박스를 열어 보니 온통 쓰레기만 가득하더라고. 자신처럼 쓸데없는 짐은 챙기지 말라는 얘기를 했는데 나 역시 그런 것은 아닐지 걱정이 됐다. 자꾸 쓰레기 같은 짐들이라는 단어가 머릿속을 맴돌았다. 바리바리 싸 들고 가는 게 실수가 아닐까? 등등 머릿속이 복잡하고 확신이 들지 않았다. 이런 나를 본 남편이 덕분에 편하게 잘했다고 다독여 주었지만 그래도 불안하고 아쉬운 마음이 드는 건 어쩔 수 없었다.

준비를 하며 생기는 크고 작은 구멍들을 돈으로 메우는 것 같은 느낌이다. 이것이 과연 옳은 것인지 의심하고 불편해하다가도, 물질적으로 해결하고 몸이 편안해지면 참 좋은 세상이라고 좋아하는 내 모습을 발견할 수 있었다. 그리고 이런 고민과 갈등, 기분의 편차는 유학 준비를 하는 과정 내내 이어졌다.

06

유학생 보험 가입

이제 서류로 처리해야 하는 일들만 남았다. 우선순위에 따라 뒤로 미뤄 두었던 일들도 하나둘 처리하기로 했다. 그중 첫 번째 할 일은 보험 들기였다. 미국 대학의 경우 유학생들의 보험가입은 선택이 아닌 의무사항이다. 대학에서 직접 제공하는 보험도 있지만 가격이 2배가량 비싸다. 때문에 대부분의 유학생들은 우리나라 보험사에서 개인적으로 보험에 가입해서 대체하고, 미국의 학교에 웨이버(waiver, 포기하겠다는 의미로 작성하는 문서)를 제출한다. 하지만 남편이 다닐 학교는 웨이버를 보내고 처리하는 과정이 다른 곳보다 더 까다로웠다. 남편은 대학에서 정해 준 보험에 가입을 하고, 나와 아이들은 국내 보험에 가입하기로 했다.

유학원과 지인을 통해 유학생이나 해외 출장이 잦은 직장인을 위한 보험을 전문적으로 판매하시는 분을 소개받았다. 몇 가지 보험을 소개받고 최종적으로는 가장 많이들 하는 동부화재 유학생 보험을 들기로 했다.

보장금액으로 3만 불, 5만 불, 10만 불이 있었는데, 5만 불을 보장해 주는 보험 상품을 선택하여 가입했다. 유학원 소개라 5% 할인도 받았다. 보험은 1년 단위로 계약이 됐다. 보험금을 청구할 때는 건별로 청구해도 되고, 서류를 모아 두었다가 한꺼번에 처리해도 된다는 안내를 받았다. 미국에서 청구를 하면 그때의 환율로 한국의 은행에 원화로 입금을 받을 수도 있고, 미국의 은행으로 달러 입금도 가능하다고 했다. 이 모든 과정은 이메일과 전화만으로도 가능했다. 힘들게 시간을 내거나 발품 팔 필요가 없어 좋았다. 보험 준비도 이렇게 끝났다.

07

미국에 가기 전 해야 할 소소한 일들

필수적으로 해야 할 크고 작은 준비 외에도, 이런저런 소소한 일들도 해야 할 것이 참 많았다. 아래에 그동안 한 일들을 쭉 정리해 보았다.

- 몸보신하기
- 여벌 안경 맞추기
- 치과 치료
- 집구하기 & 이사하기
- 콜밴 예약
- 실손 보험 챙기기

- 캐나다 여행 예약
- 큰아이 초등학교에 서류 내기
- 핸드폰 정지, 로밍 신청

몸보신하기

미국에 가기 전에 가족 모두 몸보신을 꼭 해야겠다는 생각을 가지고 있었다. 그래서 아이들에게 녹용을 먹였다. 친한 언니를 통해 최고 좋은 녹용을 구해 한약 한 재씩 해 먹였다. 큰아이에게는 입학 전 기력 보충과 성장에, 둘째에게는 폐 기능과 알레르기 완화, 성장에 도움이 되었으면 하는 마음에 지어 먹였다. 나는 홍삼을 주문해서 신랑과 함께 먹었다.

여벌 안경 맞추기

남편도 나도 시력이 좋지 않은 편이라 여벌 안경을 맞추기로 했다. 도수를 넣은 선글라스도 맞추고, 일반 안경, 렌즈까지 3개를 준비했다. 아이들 선글라스도 좋은 것으로 하나씩 구입했다. 혹시 미국에서 안경을 사야 할 때 도움이 될지 몰라 검안지도 받아 두었다. 이 검안지는 세계 공통이긴 한데 아마 미국에서 새로 안경을 하려면 의사의 처방이 있어야 할 거라고 했다.

치과 치료

치과 치료는 꾸준히 조금씩 해 왔던 일이다. 큰아이의 유치가 흔들거려 빼기도 하고, 영구치에 실란트 치료를 하기도 했다. 둘째 아이도 충치 치료를 하고, 남편과 나는 스케일링을 했다. 자주 찾아가서 조금씩 치료하는 것을 추천한다. 자주 가서 관리하면 아프거나 큰 힘을 들이지 않고도 치료받을 수 있어 좋다.

집구하기 & 이사하기

미국 유학을 가기 전 우리 가족은 지방 생활을 하는 직원에게 주는 사택에 살고 있었다. 때문에 다음 사람을 위해 집을 빼 주어야 했다. 미국에 가 있는 동안 짐을 맡길 만한 곳을 물색했지만 마땅치가 않았다. 컨테이너 보관이사, 부산 본가, 서울 친정집 모두 고려해 봤지만 맡길 곳을 찾지 못했다. 근처 원룸이나 빌라를 구해 볼까 하다가 돈을 조금 더 보태서 현재 살고 있는 집 바로 앞 동에 작은 평수의 아파트를 월세로 구했다. 컨테이너 보관비용은 하루 만 원씩, 한 달이면 30만 원가량이었고 원룸이나 빌라도 관리비 포함하여 한 달에 기본 25만 원은 들었다. 아파트는 그보다 비용이 소요되지만, 관리가 용이하고 부모님께서 한 번씩 들여다 볼 수도 있고, 원래 살던 곳이니 마음이 편하기도 해서 그렇게 결정했다. 관리사무소에 들러 빈집인 것을 얘기하고, 관리비는 유학

후 돌아오는 시점까지 자동으로 이체되도록 설정했다.

콜밴 예약

출국 날 인천공항까지 갈 차량이 필요했다. 처음엔 가까이 살고 있는 친오빠에게 부탁하려고 했다. 하지만 하루 휴가를 내는 것도 미안했고, 차에 싣기엔 짐도 많았다. 다음으로 천안-인천공항 KTX 열차를 떠올렸으나 그것도 짐 때문에 어려울 것 같았다. 우리의 마지막 선택지는 콜밴이었다. 12인승이라 공간이 넉넉했고 기름 값, 톨비를 포함하여 13만 원~16만 원 선이었다. KTX 비용과 비슷하다. 예약 전 천안 업체 3개, 서울 업체 3개 총 6곳의 업체를 알아보고 선택했다.

실손 보험 챙기기

미국에 가기 전 그동안 미뤄 두었던 또 한 가지의 일을 하기로 했다. 밀린 보험금을 청구하는 일이었는데, 미국에서 귀국할 즈음이면 청구할 시기가 지나 있을 것 같아 미리 처리하기로 했다. 영수증을 모은 서류를 팩스로 보내기만 하면 보험대리점이나 설계사 분이 일괄 청구 처리한다. 처리 시간도 빨라서 거의 다음 날이면 입금된다. 큰돈은 그때그때 청구하고, 아이들 소아과 진료 받은 것들은 1년에 한 번씩 처리하는 게 좋은 것 같다.

캐나다 여행 예약

어느 날 회사에서 유학생 교육을 받고 온 남편이 캐나다 여행을 가자고 했다. 교육을 받을 때 만난 다른 동료들 중에서도 캐나다 여행을 계획하고 있는 사람이 많았고, 앞서 미국 유학을 다녀온 전임자도 캐나다 여행을 못 간 것이 두고두고 후회되니 꼭 가보라는 조언을 했다고 한다. 하지만 나는 아이들도 어리고, 미국도 가볼 곳이 많을 텐데 캐나다까지 가야 하나 싶었다. 여행 시기도 완전히 정착하기 전이라서 고민이 됐다. 그러나 동료들의 생생한 이야기를 듣고 온 남편은 적극적으로 여행을 추진해 나갔다.

캐나다 로키산맥으로의 7박 8일 여행 계획이 세워졌다. 7월에서 8월은 로키의 절경을 제대로 볼 수 있는 피크 시즌이라고 한다. 그래서 그런지 방도 없고, 비행기도 없고, 렌터카도 없었다. 정확히 말하자면, 몇 개 있긴 있었으나 가격이 엄청 비쌌다. 미리 계획한 여행이 아니니 비싼 값에 예약을 할 수밖에 없었다. 예전에 이용해 본 적 있는 익스피디아 해외 사이트(www.expedia.com)에서 예약 후 결제를 했다. 에어캐나다 비행 편과 호텔이 묶인 것으로 예약했고 렌터카도 여기서 한꺼번에 해결했다.

큰아이 초등학교에 서류 내기

때가 되어 큰아이가 다니던 초등학교의 담임 선생님께 유학 일정과 내용을 말씀드렸다. 몇 가지 서류를 제출해야 한다고 말씀해 주셨고 학적 담당 선생님 연락처를 안내해 주셨다. 담당 선생님에게 전화를 드렸더니 제출해야 할 서류를 상세히 알려 주셨다. 필요한 서류는 아래와 같다. 서류는 준비가 되는대로 학교로 찾아가 제출하면 된다.

- 취학의무면제원(여러 종류가 있다고 한다. 개인적으로 가는 것인지, 부모님 따라가는 것인지 등에 따라 다르다)
- 보호자의 해외 근무, 파견, 파송 증빙서류(파견 대상자 명단에 회사명과 보호자 이름이 있으면 된다)
- 전 가족 여권 및 비자 사본
- 주민등록등본
- 전자 항공권 발행확인서
- 출국 사실 증명서(미국 도착 한 후에 미국 출입국 증명서를 스캔해서 선생님께 이메일로 보내면 된다)
- 개인 정보 수집 이용 동의서

핸드폰 정지, 로밍 신청

고객센터에 가서 핸드폰을 일시 정지시켰다. 1년 이상의 장기간 정지 신청의 경우 직접 방문해 서류를 작성해야 한다. 미국 도착 후에는 해외 로밍으로 핸드폰을 쓸 수 있게 저렴한 요금제로 설정해 뒀다. 그리고 해외 로밍으로 일주일간 쓴 뒤 정지되도록 했다. 미국에서 바로 핸드폰을 만들지 못할 수도 있고, 미국 연락처를 한국의 부모님과 친구들에게 알려 주려면 핸드폰을 며칠 더 쓸 수 있게 하는 것이 낫겠다는 생각이었다.

사실 여기 정리한 일들 말고도 해야 할 일의 종류는 굉장히 많다. 그렇기 때문에 미리 다 알고 준비해서 간다는 것은 어쩌면 욕심일 수도 있다.

모든 일에는 반드시 크고 작은 실수가 동반된다. 그러니 유학 준비의 가장 중요한 포인트는 완벽하게 해내려는 욕심을 내려놓는 것이 아닐까 한다. 불안하고 걱정, 고민이 따라오는 것은 당연하다. 그래도 가급적 편안한 마음을 가지고 준비를 하자. "실수해도 괜찮아, 다 잘될 거야" 준비 기간 내내 스스로에게 했던 이 말을 전해 주고 싶다.

08

미국에 가기 전 아이들 영어 공부와 독서 수준

미국에 1년 6개월의 시간을 보낼 수 있다는 것은 아이들의 학습 측면에 있어서 분명 좋은 기회였다. 아이들은 영어 유치원이나 학원에 따로 보낸 적이 없었다. 집에서 엄마표 영어로 조금씩 인풋input 해 주던 것이 전부였다. 큰아이는 8살이라 초등학교에 입학한 지 얼마 되지 않았을 때였고, 둘째는 6살로 한글도 더듬더듬 읽고 있었다. 영어로 말하는 것은 물론 한두 줄의 영어 동화책 읽기도 버거운 상태였다. 하지만 미국으로 떠나야 하는 날이 다가오자 조금씩 마음이 급해지기 시작했다.

출국 두 달 전부터는 유치원에서 하다 말았던 《스마트워드》라는 영어 교재와 《교과서 읽는 리딩》이라는 문제집으로 아이와 함께 공부를 시작했다. 시간이 부족하다 보니 영어는 최대한 재미있게, 공부 같지 않게 접근시키려던 처음 계획은 온데간데없고 주입식으로 문제집을 푸는 공부 방식을 택할 수밖에 없었다. 아이가 "엄마, 이거 꼭 해야 해? 이거 왜 해야 해?"라며 재미없는 영어 공부를 힘들어 할 때마다 마음이 아팠다. 그래도 이렇게나마 준비를 해야 미국의 학교생활에 조금이라도 적응하는 데 수월할 것이라는 생각으로 아이와 스스로를 달랬다.

엄마표 단기 속성 영어 I

엄마표 영어와 관련된 책을 읽다 보면 '사이트 워드sight word'의 중요성이 자주 언급된다. 최다빈도어이자 보는 즉시 읽어 낼 수 있는 단어를 뜻하는 사이트 워드를 많이 알면 책 읽기가 훨씬 수월해진다는 것이다. 나 역시 엄마표 영어의 고수들이 하는 얘기를 굳게 믿으며 매일 아이들에게 이 단어들에 익숙해질 수 있도록 애썼다. 예전에 큰아이가 한글을 떼던 방식도 통 문자가 쓰인 플래시 카드를 반복해 읽던 거였다. 때문에 영어도 한글처럼 스펠링과 파닉스Phonics를 하나하나 가르치기보다 알파벳에서 사이트 워드로 바로 넘어갔다.

파닉스는 유치원에서 일주일에 1~2회 배우는 것을 믿기로 했다. 사이트 워드를 포스트잇에 하나씩 써서 아이들이 가장 잘 볼 수 있는 식탁 옆의 빈 벽에 수십 장을 붙였다. 노란색 포스트잇이

집 안에 흩날렸다. 읽을 수 있는 것과 없는 것을 왼쪽 오른쪽으로 나눠 붙이며 여러 차례 읽도록 했다. 이런 반복 읽기를 통해 보자마자 입에서 툭툭 튀어나오는 단어들은 포스트잇을 떼서 버렸다.

독일의 심리학자 에빙하우스Hermann Ebbinghaus의 망각 곡선 이론에 따르면 정보는 일차적으로 단기기억장소에 보관되었다가 잊힌다고 한다. 가장 효율적으로 많은 양의 지식을 장기 기억으로 옮기려면 주기적으로 여러 번 반복하는 과정이 필요하다는 이야기다. 당일, 다음 날, 일주일 후, 한 달 후, 6개월 후에 잊을 만 하면 한 번씩 기억을 상기시키는 것이다.

사실 이런 반복 학습은 쉽지 않았다. 그래도 아이들을 붙잡고 포스트잇에 쓰인 단어라도 다 읽을 수 있도록 틈만 나면 함께 읽고 또 읽었다. 더불어 도서관에서 빌려 온 한 줄짜리 사이트 워드 리더스 북, 일명 ORT라고 불리는《옥스퍼드 리딩 트리Oxford Reading Tree》 책은 하루에 다섯 권씩 질리도록 읽어 주었다.《노부영 퍼스트 리더 JFR》도 병행해 무한 반복을 했다.

당시 잠자리에 누워 영어 책을 읽어 주던 나는 인간 오디오나 다름없었다. 끊임없이 반복 재생을 했다. 이 당시 나의 행동은 어떤 절실함에서 나온 것이었다. 아이들이 미국에 도착해 현지 친구들과 의사소통이 되지 않아 한구석에 쪼그리고 앉아 있거나 눈칫밥만 먹고 있는 상상을 하면 자다가도 벌떡 일어나 영어책을 읽어줘야겠다는 심정이 들곤 했다. 이 절실함 덕분에 하루도 빠지지 않고 목표한 공부 양을 채울 수 있었다. 아이들은 가랑비에 옷이

젖듯 조금씩 영어를 익혔다.

그렇다고 항상 순탄하기만 한 것은 아니었다. 내가 큰아이에게 "따라 읽기 두 번만 하고 잘까?" 하고 물으면 아이는 "눈으로만 보면 안 될까? 꼭 말하면서 읽어야 돼?"라는 식으로 자신이 납득할 만한 이유를 계속 물었다. 하지만 아이를 위해서라도 물러설 수는 없었다. 왜 읽어야 하는지, 왜 배워야 하는지 아이가 물으면 "미국에 가서 친구들도 사귀고, 재미있는 이야기도 읽을 수 있으려면 영어 공부를 해야 돼"라고 답해 주었다. 영어가 되지 않아 자신감을 잃고 자존감까지 상처를 입을지도 모른다고 생각하면 아이 앞에서 한없이 약해지는 마음도 다잡을 수 있었다.

엄마표 단기 속성 영어 II

나는 아이들이 어렸을 때부터 줄곧 영어 CD를 들려주고, DVD 등의 시청각 자료도 보여줬다. 영어를 최대한 재미있고 쉽게 접근할 수 있게 해 주고 싶어 나름의 노력을 기울였다. 그리고 아이들에게는 빈둥거리거나 멍하니 있는 시간이 꼭 필요하다고 생각했기 때문에 아이들이 책 읽을 때나 자유롭게 상상하는 시간에는 가급적 터치하지 않으려고 했다.

주변을 보면 정말 야무진 엄마들이 많다. 그 엄마들의 노하우에 비할 수 없을지 모르지만, 미국에 가기 전까지 영어 공부를 한 내용을 정리해 본다.

첫째 아이 이야기

- 일반 유치원 졸업(유치원 과정에 매일 30분 영어 시간 있었음)
- 한국에서 1학년 1학기까지 다님
- 미국에 영어로 단어만 겨우 몇 개 말할 줄 아는 상태로 도착

1. 영어 CD

- 노부영 베스트 25권 세트 듣기
- 동화책 읽어 주는 CD 듣기(오디오북 활용)
- 디즈니 만화 영화 주제곡 모음 등

2. DVD

- LeapFrog의 Learning DVD set 3개
- PreschoolPrep Sightwords DVD등 교육용 DVD
- DVD의 음성만 나오도록 해서 듣기
- 기타 만화, 영화 등

3. 리틀팍스Littlefox

- 하루 3편 씩 시청
- 4단계까지 어느 정도 익숙해지고 재미있어 할 즈음 하루 2개씩 자막보고 따라 읽기(스피킹 대비를 위해 하루 2개 자막을 틀어 놓고, 귀로 들으며 따라 읽도록 함. 미국 가기 6개월 전부터 시작, 약 400편정도 따라 읽었다)

4. 로제타 스톤Rosetta Stone

- 엄마가 공부하던 로제타 스톤을 아이에게도 가끔 보여 줌(아이가

해보고 싶다고 해서 가끔씩 접하게 했다)

- 함께 들어 있는 이미지 단어장을 펼쳐 놓고 봄

5. 영어 교재

- 미국 교과서 읽는 리딩 Preschool 1~6단계
- 미국 교과서 읽는 리스닝 & 스피킹 Preschool 1~3 단계(아이는 이 과정을 아주 괴로워했다)

6. 어휘 공부

- 사이트 워드를 포스트잇에 쓴 뒤 벽에 붙여서 학습(포스트잇을 아이들이 가장 잘 볼 수 있는 벽에 붙였다. 읽을 수 있는 것과 없는 것을 왼쪽 오른쪽으로 나눠서 붙이며 반복 읽기하면 좋다)
- 유치원 영어 숙제를 활용(단어 1개와 그 단어로 만든 문장 1개를 따라 쓰는 숙제가 있었는데, 숙제를 잘할 수 있게 격려했고, 하루도 빠짐없이 한 줄씩 읽고 쓰게 했다)
- 단어 정리 책과 플래시 카드 활용(색깔, 숫자, 도형, 수학 용어 등 미국 학교에서 바로 필요할 것 같은 단어들을 정리한 책과 플래시 카드가 있어서 단어장으로 익혔다)

7. 영어책

- 노부영 퍼스트 리더 JFR
- ORT를 도서관에서 10권씩 빌려와 3단계까지 무한 반복해 읽음
- 노부영 그림책
- 각종 그림책

둘째 아이 이야기

- 유치원 6세 반을 마치고 미국행, K학년으로 곧바로 초등학교에 입학
- 알파벳만 겨우 쓸 줄 아는 상태로 도착
- 기초 영어 공부는 큰아이와 동일한 방법으로 진행(영어 교재 부분만 제외)

둘째는 미국 오기 전까지는 큰아이와 같은 과정대로 공부를 했다. 하지만 솔직히 첫째만큼 신경을 써 주지는 못했다. 미국에 와서 둘째를 위한 온라인 프로그램 두 개를 신청했다. 미국은 홈스쿨을 하는 아이들의 수가 많아서 홈스쿨을 제공하는 회사도 다양하다. 내가 선택한 첫 번째 프로그램은 이미 국내에도 소개된 적이 있어 눈여겨보던 유즈스쿨UseSchool이었다. 미국 공립학교 과정에 충실하다고 소개하고 하고 있어, 미국에 온 뒤 학교 과정과 함께 공부하면 좋을 것 같았다. 두 번째는 미국의 유명한 교육업체 Learning A-Z라는 회사에서 만든 온라인 독서 프로그램 라즈키즈Raz-kids다. 태블릿으로 다양한 책들을 단계적으로 읽을 수 있도록 독려했다.

아이들이 재미있어 하는 영어

첫째는 유즈스쿨을 재미있어 했고, 둘째는 라즈키즈를 좋아했

다. 한국에서부터 즐겨 봤던 리틀팍스는 둘 다 좋아했다. 다만 디지털 매체에 너무 빠져드는 것은 아닐까 라는 걱정이 되었다. 장시간 하지 않도록 적절히 시간을 조절하고 분배했다.

둘째는 테스트를 받아 보진 않았지만, 미국에서 지낸 지 1년이 된 시점에는 라즈키즈 K단계를 읽고 퀴즈를 푸는 데 정답률이 높은 편이었다. 다만 읽는 것에는 한계가 있어서 듣기 제공이 되지 않으면 내가 문제를 읽어 줘야 했다. 그마저도 귀찮아서 잘 해 주지 못할 때가 많았다. 기특하게도 둘째는 스스로 최대한 음성지원이 되는 퀴즈를 찾아 읽었다.

영어책도 국어책을 읽는 만큼의 재미가 있어야 아이들이 꾸준히 읽을 수 있다는 전문가의 글을 본 적이 있다. 어렸을 때부터 영어책과 한글 책을 동시에 접할 수 있도록 하면 좋다는 얘기였다. 일정 수준의 한글 책을 읽는 아이에게 기초 영단어 한두 개 나오는 수준의 영어책을 보여 주면 그다지 흥미를 느끼지 못한다는 것이다.

실제로 우리 아이는 A 단계의 영어책을 읽을 때는 지루해했다. 하지만 꾸준히 단계를 높여 가며 책을 읽다 보니, 어느 순간 자신이 읽던 한글 책 수준까지 올라간 이후부터는 재미를 느끼며 읽는 모습을 볼 수 있었다. 놀라운 것은 아이들은 여기서 멈추지 않고 본능적으로 학습의 원리를 파악해 더 앞으로 나아간다는 점이었다.

단계를 밟아 가며 책을 읽은 아이는 자연스럽게 좀 더 글이 많고 높은 단계의 책을 읽고 싶어 한다. 한 단계 위의 책을 보다가 단어나 문장 이해의 어려움을 느끼면, 아이는 누가 알려 주지 않아도 그 밑이나 두 단계 아래의 책으로 돌아와 반복해 읽는다. 그러다가 현 단계에서 더 이상 읽을 책이 없거나 이 정도면 되었다 싶을 즈음 다시 위 단계의 책들을 둘러보기 시작한다. 그렇게 다음 단계의 책을 골라 읽으면 이전과 달리 책의 내용을 충분히 이해할 수 있게 된다. 둘째는 대견하게도 그렇게 자신의 영어 독서 수준을 높여 갔다.

미국에는 아이들의 독서 습관에 도움을 줄 수 있는 프로그램으로 'SR+AR'이 있다. 르네상스 러닝이라는 회사가 운영하는 프로그램인데, 이 회사는 아이들이 시중에 나온 책을 읽고 그에 관한 퀴즈를 풀 수 있도록 문제를 제공한다. 미국의 많은 교육기관에서 도입하고 있고, 한국의 유명한 영어 유치원이나 어학원에서 사용하고 있는 프로그램이다.

실제로 내가 사용하는 온라인 프로그램(유즈스쿨, 라즈키즈, 리틀팍스) 모두 책이나 지문을 읽은 후 반드시 퀴즈를 통해 이해도와 독해력을 측정하는 과정을 거치게 했다. 이는 미국 생활 중 아이들이 학교에서 받아 온 유인물, 과제, 숙제 등을 정리하면서 살펴보았을 때에도 마찬가지였다.

또한 학교에서는 읽기만큼이나 쓰기 교육도 무척 강조하는데, 그에 비해 온라인 프로그램은 그 특성상 쓰고 나서 첨삭이 되지 않아 학습의 완성도가 다소 떨어졌다. 읽고 이해하고, 자신의 생각을 쓰는 것까지가 언어 공부의 완성인데 말이다.

참고로 영어 관련 진행 상황들을 파악하고 싶다면 국내 도서 중 『잠수네 영어 공부법』 책 뒤편에 부록으로 제공하는 '주간 영어 학습 진도표'를 복사해서 활용하는 것도 좋다. 나는 이것을 아이들의 영어 학습 진도를 표시하는 일지로 사용하기도 했다. 꼭 이 형식이 아니더라도 따로 학습 시간, 학습 진도 등을 작성할 수 있는 계획표를 만들어 기록하면 동기부여에도 큰 도움이 된다. 시각화는 목표 달성에 있어서 유용한 도구다.

“

정체되어 있는 나 자신을 생각하면 부끄럽고 힘겨워 자괴감이 느껴질 때도 있었다. 나 또한 더욱 정진해야 한다는 것을 절실히 느끼지만 계속 웅크리고만 있는 날들을 보냈다. 그러다가 미국 이라는 미지의 세계를 경험할 기회가 찾아온 것이다.
인생에 새로운 전환기를 맞아 전혀 다른 낯선 곳에서의 1년 반이라는 시간을 갖게 된 나에게 긍정적인 변화가 있기를 소망했다. 미국에서의 시간은 남편에게도 아이들에게도 하나의 전환점이 되고 내게도 분명 전환점이 될 것이다. 나는 남편의 학교를 방문한 날, 소기의 목적을 달성하고 행복하게 웃으며 떠날 수 있기를 다시금 기원하고 또 마음에 새겼다.

2장

미국 유학 시작

겨울 방학

2학기

여름 방학

1학기
(한 학년 UP)

09

미국에 도착하다

누군가 유학 준비와 1년 반의 미국 생활을 통틀어 가장 바쁜 날이 언제였냐고 묻는다면, 미국에 도착하고부터 약 열흘간을 꼽을 것 같다. 정착을 위해 여기저기 정신없이 바쁘게 다녔고, 정말 많은 일을 해냈다. 너무 바쁘면 싸울 틈도 없다는데 그렇지도 않았다. 낯선 곳에서 신경이 곤두선 탓에 때론 남편과 다투기도 하고, 상황이 마음에 들지 않아 끙끙거리기도 하고, 아이들을 챙기다 보니 부족한 게 많은 것 같아 스트레스를 받기도 했다. "엄마 미워!"라는 소리도 종종 들었다.

사실 이 모든 일들은 정착 기간에만 있었던 것이 아니라 매일 나타났다가 사라지는 일들이었다. 어떻게 완벽할 수 있으랴. 미국 유학 생활은 실패와 실수를 통해 나라는 사람이 더욱 성장하는 계기였다. 준비 과정에서 겪은 많은 고민들을 통해 깨달음을 얻고 배웠다. 내일은 또 어떤 가르침이 날 기다리고 있을까. 날마다 조금씩 더 성장할 수 있음에 하루하루가 감사했다. 힘들었던 만큼 값진 경험이 돼 준 정착 기록을 요약해본다. 경험자의 조언과 정보가 필요한 분들에게 조금이나마 도움이 되었으면 하는 바람이다.

1일 차에 한 일 : 차량 렌트, 은행, 핸드폰, 한인마트

미국 공항에 도착하자마자 우리가 가장 먼저 한 일은 차를 렌트하는 것이었다. 넓디넓은 미국 땅에서 우리의 발이 되어 줄 차량을 구하는 일이 1순위였다. 귀국하는 선배에게 차도 받기로 했는데, 출국 일까지 일주일간 공백 기간이 있어 당장 차량이 필요했다.

차를 고를 때 다양한 조건을 이모저모 따져 보는 것이 가장 좋은 방법이겠지만 영어 실력도, 시간도 부족한 상황이라면 신뢰할 만한 브랜드를 고르는 것이 괜찮은 방법일 수 있다. 렌트 회사는 AVIS를 선택했고 차종은 SUV를 결정했다. 처음 일주일간 장을 보거나 가구를 나르는 등 짐을 싣고 다닐 일이 많을 것 같아 큰 차로 신청했다. 나중에 인도받고 보니 두 달도 안 된 따끈한 신차였다.

하지만 미국의 업무 처리 속도는 느려도 너무 느렸다. 처음이라 우리가 서툴러서 더 그랬겠지만, 렌터카를 빌리는 과정은 미국에서 겪은 기다림과 인내심 테스트의 맨 첫 관문이었다. 결국 남편은 1시간 반 만에 차를 가지고 나타났다. 지칠 대로 지친 아이들은 카시트에 앉자마자 잠이 들었다. 참고로 카시트는 아이들이 있는 부모라면 필수로 챙겨야 할 준비물이다. 곧바로 사용해야 할 것을 예상한 나는 카시트 2개를 짐으로 부쳐 가지고 왔다. 안전을 위한 필수 사항이기 때문에 대한항공에서도 짐 개수로 치지 않았고, 캐나다를 여행할 때에도 다른 짐에는 모두 요금을 매기는데 카시트는 예외였다.

우여곡절 끝에 차를 타고 이동했다. 길도 낯설고, 차도 낯설고, 신호 체계도 조금 달랐지만 조심조심 운전하여 학교 기숙사에 도착했다. 다행히 기숙사 미팅 예약 시간에 딱 맞게 도착했다. 설명회가 끝나고, 드디어 미국에서 우리가 지낼 집에 입성했다. 엘리베이터 없는 3층 건물의 1층이었고 생각보다 크고 좋았다. 놀이터와, 세탁실, 우편실이 가깝다는 장점도 있었다. 이렇게 좋은 집에 머물 수 있게 되어 감사한 마음이 들었다. 나중에 무거운 가구를 들이면서 정말 다시 한번 집이 1층이라 천만다행이라는 생각을 했다.

여기에는 뒷이야기가 있다. 나중에 안 사실인데, 남편이 기숙사 사감에게 따로 이메일을 보냈다고 한다. 아내가 낯선 환경에서 아이들을 돌보며 힘들 수 있으니 최대한 학교 가까운 곳으로 배정해 주면 좋겠다는 내용이었다고. 덕분에 좋은 위치의 집에서 생활할 수 있게 된 것 같아 고마운 마음이 들었다.

집에 도착한 우리는 일단 짐을 간단히 풀고, 근처 은행으로 향했다. 거리가 가장 가까운 CHASE 은행에 들렀고, 우리를 담당한 은행 직원 크리스토퍼는 아주 친절했다. 영어를 또박또박 발음해 줘서 알아듣기 편했다. 자기 아이들도 같은 또래라는 이야기 등을 하며 은행 업무 처리를 하는 약 1시간 반 동안 시종일관 편안한 분위기를 만들어 주었다. 언제든 은행 일에 대해 물어보라는 그의 친절한 말에 든든한 지원군을 만난 듯 기분이 좋았다.

은행을 나와 한인 타운으로 향했다. 지인으로부터 추천받은 한인 핸드폰 가게로 찾아갔다. 남편과 나는 각자 하나씩 미국 폰을 마련했다. 여기서 잠깐, 유학을 준비할 때 보면 은행이 먼저냐 핸드폰이 먼저냐를 두고 엄마들의 의견이 분분하다. 실제 현장에서는 자신의 상황에 따라 우선순위를 정하면 된다. 우리는 현금으로 가져온 돈이 걱정되어 은행에 먼저 들러서 입금을 했다. 물론 핸드폰 개통 시 은행계좌를 물어보기도 하니까 은행이 먼저인 것 같다는 생각도 든다. 하지만 은행에서 역시 핸드폰 번호를 묻기도 한다. 그럴 땐 당황하지 말고 한국 폰 번호를 적고, 나중에 미국 폰 번호로 바꾼다고 말하면 된다.

이런저런 업무로 시간이 지나 저녁이 되었다. 주위가 캄캄해지자 조금 무섭게 느껴졌다. 해가 지면 위험한 것이 사실인데 LA는 대도시라 더욱 그렇다. 하지만 밤 시간대만 조심한다면 LA는 한인 타운이 있어 생활의 편의성에서 월등하다.

첫날 저녁은 한인 타운에서 먹었고, 한인마트에 들러 내일 먹을 간단한 음식과 과일, 물을 사고 집으로 귀가했다. 그런데 미처 이불을 못 샀다는 걸 깨달았다. 바닥에 티셔츠를 몇 개 깔고 비행기에서 준 뽀로로 담요를 덮고 잤다. 맨바닥의 찬 기운이 그대로 전해져서 뼛속까지 얼어붙는 듯 했다. 나중에는 너무 추워서 가져온 옷을 몇 겹을 껴입고 남편의 양복 상의까지 꺼내 입고 잤다. 새벽에는 가족 모두 일어나 욕조에 뜨거운 물을 가득 받아 탕 목욕을 하며 몸에 온기를 되찾았다.

사실 이런 일은 낯설지 않았다. 이미 한국에서 열 번의 크고 작은 이사를 겪은 우리 가족이었다. 어떤 상황도 이겨 낼 준비가 됐다고 생각했건만 막상 이런 어려운 상황에 부딪히면 조금 힘들다. 그래도 정신력은 점점 강해지는 것 같아 다행이다. '이쯤이야 아무것도 아니야'라는 마음으로 씩씩하게 행동했다.

한편 남편은 아내와 아이들이 추위에 떨면서 자는 모습을 보면서 새벽에 눈물이 날 정도로 마음이 아팠다고 했다. 나도 그 마음을 백번 이해할 수 있었다. 우리는 12시간을 비행 끝에 미국에 도착해 평소보다 훨씬 더 길고 긴 하루를 보냈다. 긴장된 하루를 마무리한 첫날이었으니 오만 가지 생각이 들 수밖에 없었다. 남편이 느꼈을 책임감과 무게감, 자신 때문에 가족이 고생을 하는 것 같아 미안했을 그 감정들이 피로와 함께 한꺼번에 몰려왔으리라. 우리 부부는 대화를 통해 감정을 풀고 남은 날들을 더 잘 보내기로 했다.

나는 훗날 이런 고생들도 모두 추억이 될 것이라 생각했다. 특이한 경험과 고생담은 글로 남기기에 좋은 소재가 되고, 미국 생활을 더욱 풍부하게 해 줄 것이다. 참 인상적인 미국에서의 첫날이 흘러갔다.

2일 차에 한 일 : 은행, 초등학교, 코스트코, 타겟

둘째 날엔 은행에 다시 가야 했다. 첫날 미국 은행에서 신랑 이름으로 하나의 계좌만 만들고, 2개의 카드를 한 계좌에서 통합해서 사용할 수 있도록 신청했다. 그런데 내 카드를 추가 신청하려니 다른 서류가 필요했다. 나는 두 번째 방문했을 때 본 예쁜 미키마우스 카드를 신청했다. 아들이 카드가 예쁘다고 좋아해서 선택한 카드였는데, 3~4일 후에 우편으로 발송된다고 했다. 조금 번거롭긴 했지만 조금 기다리기로 하고 임시카드를 대신 받았다. 사실 이때는 별생각 없이 한 건데, 나중에 이 카드로 아울렛에 있는 디즈니스토어에서 할인을 받고, 디즈니랜드, 디즈니 크루즈, 디즈니 리조트 등에서도 쏠쏠하게 이용했다.

우리의 다음 목적지는 아이들이 다닐 초등학교였다. 먼저 전화 연락을 하고 방문해야 한다는 사실을 몰랐던 우리는 낮 시간이니 당연히 학교 문이 열려 있을 거라고 생각했다. 하지만 막상 가 보니 학교의 사무실은 닫혀 있었다. 이번 주 내내 여름 캠프 시즌이라 다음 주에나 서류 접수가 가능하다고 월요일에 오라고 했다. 허탈하게 발걸음을 돌리면서 서류 준비에 더욱 만반을 기해 돌아오자고 다짐했다.

오후에는 서울에서 보낸 짐이 도착했다. 6월 7일에 배편으로 보내고, 우리가 미국 도착한 다음 날로 예약을 해 두었는데 정확히 제 날짜에 무사히 도착했다. 때마침 필요한 게 있어 이민 가방을 풀었더니 수납할 가구가 없는 상태에서 짐이 마구 쌓여 거실이 금세 엉망이 되었다.

필요한 것들을 사기 위해 코스트코로 향했다. 고객센터로 찾아가 예전에 한국에서 썼던 멤버십 카드를 보여 주며 연장 요청을 했더니 인터내셔널International카드는 연장할 수 없고, 새로 만들어야 한다고 했다. 결국 데스크 아저씨의 꼬임에 넘어가서 일반회원(55불) 카드가 아닌 이그제큐티브Executive(110불) 카드를 만들었다. 나중에 좀 후회했는데 이미 지나간 일을 어쩌랴. 코스트코에서 열심히 장을 보는 수밖에 없겠다고 생각했다.

미국이라 그런지 우리나라보다 연회비가 비싸다. 주변 사람들 말로는 한국서 가져온 카드에 기한이 남아 있으면 사용할 수 있다고 하지만 실제로는 곳곳마다 말이 다른 것 같다. 때문에 있다면 그냥 가져오고 아니라면 와서 새로 가입하면 된다. 미국은 워낙 큰 나라이다 보니 지역마다 차이가 있음을 느낀다. 가능한지 불가

한지는 직접 와서 확인해야 한다. 참고로 이때 만든 카드는 10개월이 되면 그동안 썼던 금액의 리워드가 상품권으로 온다. 나는 총 130불을 돌려받았다. 4인 가족에 아이들이 있고 쇼핑할 것이 많다면 비즈니스 카드를 만드는 것도 나쁘진 않다.

이날 우리는 TV를 한 대 샀다(마지막 남은 LG TV를 가져왔다). 전자제품 가격이 싸다더니 정말 싸긴 싸다. 그리고 밖으로 나와서 태평양 건너편에서 소문으로만 듣던 인앤 아웃 버거를 먹었다. 기대한 것에 비해 맛은 조금 실망스러웠다. 고기 패티도 얇고, 많이 타 있었다. 감자튀김도 흔한 얇은 감자튀김이었다. 아마도 싼 가격에 배불리 먹을 수 있다는 점 때문에 인기가 있는 것 같았다. 나는 별로였지만 아이들은 신나게 먹었다.

다음에 간 장소는 타겟Target이었다. 미국의 대표적인 소매점 가운데 하나로 우리나라의 이마트 같은 곳이다. 나는 큰맘 먹고 아이들에게 레고를 하나씩 안겨 줬다. 하루 종일 엄마 아빠를 따라다니느라 얼마나 피곤할까. 가끔 쇼핑하는 맛이 있어야 따라다녀도 군소리가 없을 것 같고, 한국보다 저렴한 편이어서 인심을 썼다.

그리고 프린터를 하나 샀다. 아이들의 공부나 남편의 업무를 위해서도 유학 생활 내내 프린트가 꼭 한 대는 필요할 것 같았다. 또한 최근에 집 앞에 있는 사무용품 전문점 스테이플스STAPLES에서 프린트한 적이 있는데 프린트 한 장에 20불을 준 신랑이 당장 사야겠다고 한 아이템이 프린터였다. 아마존에 검색해 보니 가격이 같아서 여기서 바로 구매했다. 와이파이로 연결되어 무선으로 쓸 수 있으니 편리했다. 정말 프린터는 오자마자 사야 할 필수 아이템이라고 생각한다. 각종 서류들을 출력, 복사 할 일이 꽤 있기 때문이다.

3일 차에 한 일 : TV 케이블 설치, KTP 한인 타운 마트

어제 타임 워너Time Warner 케이블에 전화를 걸어 TV 연결 예약을 잡았다. 다음 날 TV 케이블 설치 기사님이 와서 새로 산 TV를 연결해 줬다. 남편은 오전에 학교로 일 보러 간 사이 아이들과 나는 집에서 정리하며 지내다가 오후에는 한인마트에 가서 장을 한판 더 보고 왔다.

코리아 타운 플라자KOREA TOWN PLAZA는 한인 상점들이 입점해 있는 큰 쇼핑몰이다. 여기 1층에 한인마트가 있는데 쌀이랑 라면, 햇반, 각종 양념류, 밑반찬 만들 멸치랑 콩 등을 샀다. 한국과 다름없었다. 미국에 오기 전에 주변 분들로부터 웬만한 건 여기서 다 살 수 있다는 말을 들었다. 실제로 장을 봐 보니 LA 한인 타운에 가면 한국 음식과 한국 물품을 손쉽게 구할 수 있다. 괜히 음식류를 짐에 끼워 보냈다가 미국 세관 통과 등에 문제가 있을 수도 있으므로 식품을 가져갈 필요는 전혀 없다.

아이들이 김밥을 먹고 싶다고 해서 김밥 재료도 사 왔다. 집에 돌아오니 거의 밤 10시였는데 시차 적응도 안 된 터라 다들 눈이 말똥말똥했다. 미국 도착 3일째에 김밥을 싸 먹는 모습은 내가 봐도 기막힌 풍경이 아닐 수 없다. 적응을 잘하고 있다고 해야 할지, 한국에서 지낼 때와 비슷하게 지내고 있으니 각성이 필요하다고 해야 할지 판단이 어려웠다. 아무튼 아이들이 즐거워하고 모두가 맛있는 저녁을 먹었으니 감사한 하루다.

4일 차에 한 일 : 소아과, 이케아

4일째엔 일찍 아침을 먹고 미리 예약해 둔 소아과로 향했다. 아이들의 초등학교 입학을 위해 소아과를 통해 준비해야 할 서류가 있기 때문이었다. 한국에서 뽑아 간 예방접종증명서를 토대로 미국식 예방접종표(노란 종이, 옐로 슬립)에 기재해서 소아과의 확인을 받아 학교에 제출하는 것이 미국 초등학교 입학을 위한 중요한 일 중 하나다. 한인 타운에 있는 소아과를 소개받아 갔는데, 분위기가 아주 옛스러웠다. 그러고 보니 아이가 다니는 초등학교 건물도 그렇고, 주변의 중학교도, 병원도 모두 60~70년대 건물과 시설을 보는 듯했다. 이곳의 건물들을 보며 문득 내가 한국의 깔끔하게 정돈된 거리와 예쁜 카페, 식당 문화에 익숙해져 있었음을 느꼈다.

병원에서의 일은 생각보다 오랜 시간이 걸렸다. 의사 선생님 얼굴을 본 것도 아닌데 2시간이나 걸렸다. 어쨌든 노란 종이를 무사히 받고 나온 나는 다음 목적지인 이케아로 향했다. 이케아는 거의 모든 유학생이 정착을 위해 필수적으로 들르는 곳이다.

한국인뿐 아니라 전 세계 사람들이 싸고 질 좋고, 디자인 또한 좋은 이케아의 제품을 애용한다. 미국의 이케아 매장 규모는 정말 크다. 여기가 미국이구나, 특히 넓고도 황량한 서부 지역이구나 느낄 수 있는 어마어마한 규모(거의 동산 수준)의 매장이 덩그러니 있다. 땅덩이가 크니 무엇이든 크고 넓고 여유가 있다. 미국에서 지내는 동안 필요한 가구들을 몇 개 골라 차에 실었다.

집으로 돌아와 가구 조립을 위해 공구함을 꺼냈다. 평생 거의 책만 잡고 살았던 남편이 맨손으로 육각 렌치를 돌려 아이들 침대를 조립했다. 둘이서 밤을 새워 가며 2층 침대를 완성했다. 잔뜩 신이 난 아이들의 눈빛을 마주하자 힘들었던 것이 싹 사라졌다. 사랑하는 사람을 위해 하는 고생은 행복이었다.

5일 차에 한 일 :
대학교 서류 접수, 기념품 가게, 기숙사 수영장

오전부터 학교에 일을 보러 UCLA 캠퍼스에 들렀다. UCLA는 스탠포드와 버클리에 이어 서부 명문대학 중 하나로 꼽히는 곳이다. 넓은 캠퍼스를 걷다 보니 회사에서 지원을 받아 이곳으로 유학을 오게 된 남편이 존경스러웠다. 어두컴컴하다 못해 암흑기였던 20대 초중반의 시절을 떠올리면 지금 누리는 것들이 꿈같을 때가 있다.

돌이켜 보면 남편은 끊임없이 앞으로 나아갔다. 가끔은 그의 발전이 부럽고, 그가 구축하는 환경과 만나는 사람들이 놀라웠다.

반면 정체되어 있는 나 자신을 생각하면 부끄럽고 힘겨워 자괴감이 느껴질 때도 있었다. 나 또한 더욱 정진해야 한다는 것을 절실히 느끼지만 계속 웅크리고만 있는 날들을 보냈다. 그러다가 미국이라는 미지의 세계를 경험할 기회가 찾아온 것이다. 인생에 새로운 전환기를 맞아 전혀 다른 낯선 곳에서의 1년 반이라는 시간을 갖게 된 나에게 긍정적인 변화가 있기를 소망했다. 미국에서의 시간은 남편에게도 아이들에게도 하나의 전환점이 되고 내게도 분명 전환점이 될 것이다. 나는 남편의 학교를 방문한 날, 소기의 목적을 달성하고 행복하게 웃으며 떠날 수 있기를 다시금 기원하고 또 마음에 새겼다.

UCLA에 온 김에 UCLA스토어에 들렀다. 이곳은 학생회관 비슷한 3층 건물의 1층에 자리 잡고 있다. 안쪽에는 서점도 있는데, 아이들 책도 있다. 아이에게 보여 주고 싶었던 위인전 시리즈도 보이고, 재미있어 보이는 책들이 많았다. 다양한 기념품들을 구경하고 몇 개 사 왔다. 기념품 가게 앞에 있는 대학의 상징 곰 조형물과 함께 촬영도 하고 집으로 돌아왔다.

집에 왔더니 아이들이 수영장에 가 보자고 해서 또 강철 체력을 끄집어내 수영장으로 향했다. 운 좋게도 집에서 걸어갈 수 있는 곳에 수영장이 있었다. 이 수영장은 가족 기숙사 시설 중 하나로, 미리 본 사진에서는 동남아 리조트 못지않았는데 실제로는 아이들 풀과 어른 풀이 아담하게 마련되어 있는 작은 수영장이다. 걸어서 5분 거리에 맘껏 놀 수 있는 공짜 노천 수영장이 있다는 것이 새롭고 감사한 일이다.

구글맵으로 미국 서부 지역을 위에서 바라보면 많은 집들이 파란 수영장을 가지고 있다. 날씨가 더워서 그런 것인지 서구는 수영 문화가 기본인 건지 빌라나 아파트, 기숙사 같은 다가구 주택에는 물론이고 잘 사는 동네 쪽으로 보면 거의 집마다 수영장이 있다. 국토 면적이 작은 우리나라와 비교해 보면 참 부러운 시설이다. 아이들은 지칠 줄 모르는 체력으로 물놀이를 했다. 집으로 돌아온 네 식구 모두 빠르게 샤워를 하고 젖은 수영복과 수건은 아무렇게나 팽개쳐 둔 채 기절하듯 잠이 들었다. 이렇게 또 하루가 역사 속으로 흘러갔다.

6일 차에 한 일 : 무빙

미국에서 생활하다가 한국으로 돌아갈 때 이삿짐 일체를 사고파는 것을 '무빙'이라고 한다. 우리는 유학을 마치고 떠나는 직장 선배로부터 무빙을 받았다. 꼭 필요한 것 위주로 새로 다 구비를 할 수도 있겠으나 무빙을 받으면 정착이 더 수월하다기에 선택했다. 게다가 하나하나 장만하고 들여놓는 일이 남편에게 큰 스트레스가 될 것이 분명했다. 어쩌면 우리에게 무빙은 필수였다. 그리고 다행히 우리 부부는 취향이나 남이 쓰던 것에 대해 그리 까다롭지는 않았다. 빠른 정착에 도움이 되었고 결과적으로 만족한다.

무빙 받은 품목은 아래와 같다.

무빙 품목

책꽂이, 소파, 식탁, 침대, 아이용 매트리스, 플라스틱 3단 수납장 6개, 커피 테이블, 전자피아노, 대형 카트, 신발장, 빨래바구니 2개, 욕실 아이용 스탭퍼, 조명등 3개, 스팀다리미, 청소기 2개, 전신거울, 벽시계, 스탠드 2개, 이불, 주방 용품들(밥솥, 전기 그릴, 파니니그릴, 토스터기, 커피머신, 전기주전자, 냄비세트, 칼 세트, 설거지 건조대, 각종 그릇), 그 외 잡다한 살림들

떠나는 사람에게는 쓸모없는 물건이겠지만 받는 사람으로서는 필요한 물건일 수도 있으니 우선은 모두 받은 뒤에 정리하는 것이 좋다. 분명 정리하기 어렵다는 단점도 있다. 나 역시 무빙으로 받은 물품을 온종일 정리해도 끝나지 않았다. 씻고, 닦고, 우리가 가져온 살림도 정리해서 넣어야 했다. 또 필요한 것은 사러 다니느라 바빴다. 결과적으로 무빙으로 받은 물품 중 3분의 1 정도는 버렸다. 원래 무빙은 반은 버린다고 한다. 몸은 고생했지만 정착 생활에 도움이 되었다.

7일 차에 한 일 : 마트 장보기

이곳에서의 일주일 동안의 생활을 돌아보니 정말 장을 엄청 나

게 본 것 같았다. 사실 많다 정도가 아니라 봐도 봐도 끝이 없었다. 오전에 마트에서 장을 보고, 오후에는 일주일간 우리의 발이 되어 주었던 차량을 공항에 반납했다. 남편은 우버 택시를 타고 집으로 왔다. 나는 삼시 세끼 식구들 밥 먹이고 치우고, 내내 짐 정리를 했다. 정리를 진행하는 도중에는 정말 모든 것이 다 짐스럽게 느껴졌다. 이걸 정리하느라 허비하는 시간과 에너지가 아까웠다. 그런데 결국 잘 못 버리게 된다. 예전보다는 많이 나아졌지만 다음에 또 필요하게 되진 않을까 싶어서 조금 남겨 두게 되고 쌓아 두게 된다. 단순하고 깨끗하게 살고 싶다면 결단력이 필요하고, 부지런해야 하고, 불편함을 감수할 용기가 필요하다.

8일 차에 한 일 :
DWP, 초등학교 방문, 동네 도서관, Staples

다음에 할 일은 DWP에 갔다가 학교에 가는 것이었다. 그곳에서 전기, 수도세 신청을 하고 신청한 서류를 학교에 가져다주면 반을 배정해 주면서 미리 작성해야 할 입학 관련 서류를 준다. 서류를 가지고 집에 온 나와 남편은 두툼한 영어 서류들과 사투를 벌였고 1시간 뒤 모두 작성해서 학교로 다시 찾아가 제출하고 왔다. 이리저리 왔다 갔다 여러 걸음을 했지만 무사히 일을 끝내 다행이었다.

초등학교 입학 전 절차

1. 한국에서 각종 증명서를 철저히 챙겨 가기(아기 수첩도 가져가니 유용했다)
2. 내가 사는 주소에서 가야 하는 학교가 어딘지 찾아보기(홈페이지 http://www.greatschools.org/ 에 들어가면 초중고 정보가 다 나온다)
3. 미국 도착 후 한인 소아과에 가서 예방접종증명서를 보여주고, 미국식으로 고쳐서 미국 예방접종증명서 받기
4. DWP에 가서 현재 거주지를 증명할 수 있는 전기, 수도세 신청서를 쓰고, 보증금을 낸 뒤 영수증 받아 오기
5. 학교에 입학과 관련된 서류 작성하여 제출하기(사전에 미리 학교에 방문 예약 전화를 한다 → 예약 시간에 찾아가 입학과 관련된 서류를 받는다 → 집에 와 꼼꼼히 모두 작성한 후 학교로 다시 제출한다)

혹시나 아이들이 많이 몰려 자리가 없을까 봐 걱정했는데, 학교 입학 서류를 모두 제출하고 나니 걱정이 사라지고 기쁨이 몰려왔다. 만약 주거지를 정하고 계약하는 단계에 있다면, 우선 근처 초등학교의 입학 가능 여부를 먼저 확인하는 것이 바람직하다. 지역에 따라 정원이 초과하여 입학하기 어려운 경우가 간혹 있기 때문이다. 우리와 같은 기숙사에 살았지만, 입학정원이 다 차서 차를 타고 멀리 위치한 초등학교에 다녀야 하는 가정이 있었다. 아무도 예상치 못한 시나리오였을 것이다. 지내다 보면 별일이 다 있다. 이러한 정보를 미리 알고 준비한다면 만약의 사태를 방지

할 수 있다.

학교 입학과 관련된 일을 마치자 한숨 돌릴 수 있게 되었다. 한국에 있을 때부터 궁금했던 동네 도서관으로 향했다. 도서관 사서분이 아주 친절했다. 상세한 설명을 듣고 남편과 내 이름으로 대출 카드를 만들었다. 도서 가방도 선물로 받았다. 1인당 대출 가능 도서는 30권, 총 60권을 빌릴 수 있다. 기간도 무려 3주다. 전화하거나 온라인으로 연장 신청을 하면 한 번 더 3주가 연장된다. 예약된 도서는 제외다. DVD도 1인당 2개씩 4일 동안 빌릴 수 있다. DVD에는 하루 연체할 때마다 1불의 연체료가 붙는다.

도서관 내 책의 상태는 아주 낡은 편이었다. 물론 새것 같은 책도 있었지만, 페이퍼 북 같은 경우는 너덜너덜한 책이 대부분이었다. 한편 아이들용 하드커버 책은 모두 비닐을 씌워 최대한 책의 손상을 막도록 처리한 것이 인상적이었다. 이런 책과 관련된 부분은 도서관마다 사정이 다르다. 이 도서관의 경우 책 읽는 사람들이 많이 보였고 분위기도 좋았다.

집에 돌아오는 길에는 우리나라로 치면 오피스 디포와 비슷한 사무용품 전문점 스테이플스STAPLES에 가서 준비물을 사 왔다. 학교에서 나눠 준 준비물 리스트를 챙겨야 했기 때문이다.

미국 대개의 공립 초등학교는 주 정부의 예산이 적어 자체적으로 재정을 해결해야 하는 경우가 많다. 아이들이 1년간 쓸 물건들을 학기 초에 모두 미리 걷는 것도 그러한 이유에서다. 학년별로,

반별로 위시 리스트Wish List를 주고 기증을 받는 셈이다. 본인이 개인적으로 쓸 물건, 공동으로 쓸 물건을 구분해 주기 때문에 공동 물건은 원치 않으면 보내지 않아도 된다. 대부분은 개인 준비물과 함께 공동 준비물도 넉넉히 보낸다고 한다. 나는 작은 나눔을 함께하고 싶었고, 세금도 안 내는 유학생인데 공립학교를 공짜로 다닐 수 있다는 점에 감사한 마음이 들어 열심히 성의를 표현하기로 했다.

하지만 영어로 쓰인 준비물 리스트는 일일이 찾기가 어려웠다. 그냥 12색 색연필이 아니라 길게 돌려쓸 수 있는 12색 색연필 등 자세한 요구 사항이 있었다. 시간이 많이 소모되었고, 제대로 찾은 건지도 알 수가 없어 직원 분에게 리스트를 주고 찾아 달라고 부탁했다. 새 학기 시작 전이라 거의 공통으로 준비해 가는 준비물들은 따로 코너가 마련되어 있기도 했다. 알고 보니 '백 투 스쿨'이라고 해서 7월부터 8월 중순까지 신학기를 준비하는 이 시기가 문구류가 가장 싼 시기였다. 종류도 많고 할인 행사도 다채로우므로 작은 문구류부터 각종 사무용품, 노트나 복사지, 보관함 등을 장만하면 좋다.

9일차에 한 일 :

DMV(차량관리국)Department of Motor Vehicle 운전면허 필기시험

오전에 DMV에 가서 운전면허 필기시험을 봤다. 내부는 사진 촬영이 금지고, 경찰관들도 보이는 등 삼엄한 분위기였다. 남편 학교 동료가 보내 준 필기시험 자료를 몇 번씩 반복해서 읽었다. 언어를 선택하면 한글로도 필기시험을 치를 수 있다. 인터넷에서도 쉽게 기출 문제를 찾을 수 있다. 짧은 시간에 집중적으로 암기를 하고 시험에 응했다. 나는 1개, 남편은 2개를 틀려 합격선인 6개 안쪽으로 패스Pass했다.

실기시험을 보려면 다시 예약을 해야 했다. 밖에는 이전에 예약을 하고 실기시험을 보러 온 차들이 길게 줄을 서 있었다. 자신의 차를 가져오면 되는데 소유 차량이 없을 시에는 DMV의 차량을 이용해도 된다. 하지만 주로 자기가 앞으로 타고 다닐 차를 가지고 오는 것으로 보였다. 물론 아직 면허가 없는 상태였기 때문에 국제운전면허증을 소지하더라도 주 정부가 발행한 운전면허증이 있는 사람과 동승하고 와야 한다.

미국의 신호 체계가 우리나라와 다르고 도로 표지판이나 운전 문화가 다르기 때문에 2시간의 도로 연수를 받는 것이 좋다고 들었다. 나와 남편도 소개를 받아 도로 연수를 예약했다. 강사분에게 부탁을 드려 함께 실기 시험장에 가기로도 했다.

사실 정착이란 건 며칠 만에 딱 끝나는 것이 아니므로 나 역시 이후로도 계속 필요한 일들을 해 나갔다. 그래도 위에 소개한 9일간의 내용 정도면 미국에서 정착하고 생활하는데 필수적인 것들은 거의 다루었다고 할 수 있을 것 같다.

미국 생활을 사진이나 글로 기록했지만 솔직히 고백하건대 그조차도 완벽하진 않아서 빠진 구석도 많다. 특히 미국 대학 입학과 관련해서는 남편이 대부분 처리했기에 내가 자세히 모르는 부분도 많다. 등록금 납부 등 자잘하게 했던 일들도 무수히 많다. 실수도 많고, 시행착오도 많았다. 하지만 시간은 모든 것을 치유하고 해결하는 무한한 능력을 지녔다. 시간이 흐르면서 자연스레 익숙해지고, 편안해지고, 하나씩 해결이 된다. 안달하지 말고 지치지도 않아야 한다. 순리대로 차근차근 진행하다 보면 어느새 미국에서의 삶에 익숙해진 자신과 만나게 될 것이다.

우리의 경우에는 아이들의 학교가 시작하기 전 캐나다 여행이 잡혀 있었기 때문에 여행 전에 정착을 일단 마쳐야 한다는 반강제적 목표가 있어 좀 더 빨리 끝낼 수 있었다고 생각한다. 이처럼 정착에 대한 준비를 '일주일 만에 마무리' 또는 '한 달 안에 끝내기'라는 구체적인 목표를 세우고 진행한다면 시간을 더욱 알차게 보낼 수 있을 것이다.

평범한 4인 가족이 미국에서 느끼고 경험한 다양한 삶의 모습을 통해 새로운 문화를 엿보며 한 줄기 공감과 영감을 얻을 기회가 되면 좋겠다. 참고로 우리 가족은 10일 차부터 8일간은 캐나다 여행을 계획했다. 부록에 여행 일정과 사진을 첨부했다.

10

4일간의 여름 캠프

미국에 오고 한 달이 다 되어 갈 즈음, 아이들의 학교 입학까지 일주일의 시간이 남았을 때였다. 정착은 어느 정도 되었고 8일간 캐나다 여행도 다녀온 뒤였다. 이제는 학교에 다니는 일상적이고 평범한 하루하루를 준비해야 할 시기였다. 당연하게도 아이들은 영어가 유창하지 않은 상태로 미국 초등학교에 다니는 것이 어떨지 전혀 예상하지 못하고 있었다. 엄마로서 걱정이 이만저만이 아니었다. 미국에 먼저 유학을 다녀온 경험자들로부터 아이들이 학교에 가기 싫다고 울고 불며 문 앞에서 엄마와 실랑이를 한다는 얘기를 여러 번 들었기 때문이다. 매일 그렇게 우는 아이들이 분명 있을 것이다.

왜 그렇지 않겠는가. 말도 통하지 않고 외모도 제각각인 아이들과 어울려 지내야 한다. 하물며 놀다 오는 것도 아니고 규칙에 따라 공부를 해야 한다니 얼마나 큰 스트레스일까. 거기까지 생각이 미치자 아이에게 미안한 마음이 들었다. 아이를 믿고 시간이 해결해 주기를 바랄 수밖에 없었다.

그러다가 우연히 집 근처 마비스타 레크리에이션 센터에서 여름 캠프를 진행한다는 소식을 들었다. 일주일의 짧은 기간도 등록할 수 있다는 얘기에 이거다 싶었다. 단 며칠이라도 현지에서 친구들을 만나 적응 연습을 할 수 있는 기회였다. 학교에 가기 전 단체생활을 접해 보는 데 도움이 될 것 같아 서둘러 신청을 했다. 신청일은 월요일이었는데 화요일부터 금요일까지 4일 만이라도 다닐 수 있을지 문의하니 가능하다고 하여 그 자리에서 바로 캠프를 신청했다. 캠프 신청자에게 주는 티셔츠를 받아가지고 집으로 돌아왔다.

캠프는 아침 9시부터 오후 4시까지였다. 금요일에는 근처 넛츠베리팜Knott's Berry Farm이라는 놀이공원으로 버스를 타고 필드 트립을 가는 일정이었다. 다음 날 아침 아이들을 캠프장으로 데리고 갔다. 엄마 아빠와 떨어져 아이들끼리만 지내야 하는 캠프는 처음이라 나 또한 떨리는 마음이었다.

"학교에 가기 전에 이런 캠프에서 친구들도 사귀고 놀다 보면 영어도 금방 잘하게 될 거야. 엄마 아빠도 집안일 정리하느라 바쁘고 너희들도 집에서 뒹굴며 심심해했으니 재미있게 놀고 있어. 바로 집 근처니까 무슨 일 있으면 금방 데리러 올게. 걱정하지 말고."

"알았어, 엄마. 근데 화장실 가고 싶다는 거랑 물 마시고 싶다는 거, 한국에서 외운 거 다시 한 번 말해 볼까? 맞나 봐줘."

"그래. 다시 한 번 해 보자."

"May I drink some water?"

"May I go to the bathroom?"

아이의 말에 가슴 한쪽이 저릿했다. 미국에 가서 아이에게 가장 필요할 것 같은 두 가지 문장을 외우게 했었는데 그게 지금 생각나서 연습하겠다는 게 아닌가.

아이들은 아빠의 지방 근무로 이사가 잦았기에 늘 새로운 환경 속에서 자랐다. 큰아이는 그동안 잦은 이사에도 큰 문제없이 잘 적응하며 다녔으니 이번에도 잘해 주리라는 식의 믿는 구석이 있었지만, 언어의 장벽 앞에 아이가 어떤 반응을 보일지 크게 걱정이 되었던 것이 사실이었다.

둘째도 누나를 따라서 어물어물 영어 문장을 외웠다. 학교에 가면 다시 또 새로운 환경일 텐데 굳이 또 나흘을 캠프에 보내서 힘들게 하는 건 아닌지 마음이 약해졌다. 캠프의 리더인 선생님이 아이들에게 다가와 인사를 건네고, 아이들만 강당에 남겨 놓고 나오는데 발걸음이 떨어지지 않았다.

그때 마치 우리를 돕기 위해 하늘에서 내려온 천사 같은 선생님한 분이 나타났다. 고등학생 같기도 하고 대학생 같기도 한 동양 여성이었다. "안녕하세요. 지나라고 해요" 그녀는 미국에서 태어난 교포 2세로 고등학생이었다. 어렸을 때부터 이곳 마비스타 캠프에 다녔던 인연으로 매해 여름 캠프에 자원 봉사를 하고 있다고 했다. 너무 반갑고 감사했다. 한국말도 할 수 있는 지나 선생님이 있어서 한결 안심되었다. 어리둥절해하는 아이들과 지나 선생님이 인사를 하는 사이에 나는 이따가 온다며 손을 흔들고 강당에서 나왔다. 뒤를 돌아보니 아이들은 바짝 얼어서 선생님의 얘기를 듣고 있었다. 그렇게 미국에서 아이들의 첫 단체생활이 시작되었다.

캠프의 마지막 날, 부랴부랴 해야 할 일들을 처리하고 아이들을 데리러 갔다. 아이들은 커다란 느티나무 아래에 앉아 간식을 먹고 있었다. 아이들이 반갑게 달려와 안겼다. "오늘 어땠어? 재미있었어?" 하고 물으니 1초의 머뭇거림도 없이 재미있었다고 소리쳤다. 정말 다행이었다. 아이들의 놀라운 적응력에 그저 감사할 뿐이었다.

테이블에 앉아 친구들과 간식을 먹는 걸 보니 금세 친구도 사귄 것 같았다. 4일간 아이들을 아침에 데려다주고 나올 때마다 둘이서 손을 꼭 붙잡고 있는 모습을 보니 두 가지 감정이 교차했다. 기특하게 둘이 서로 챙기고 의지하니 보기 좋으면서도 다른 한편으로는 얼마나 두렵고 떨리면 매일 티격태격 싸우는 애들이 저렇게 손을 다 잡고 있을까 싶었다.

캠프 마지막 날 금요일, 둘째 아이는 우수한 모범학생으로 뽑혀 상장도 받았다. 앞에 나가 케이크를 선생님의 얼굴에 문지르는 세레모니를 하게 됐는데, 숫기가 없던 둘째 아이는 주목을 받자 부담스러워했다. 감히 선생님 얼굴에 케이크를 어떻게 문지르나 고민하는 기색이 역력했다. 그러다 다른 친구들과 캠프 선생님들의 박수와 환호성을 듣자 아이는 주저하던 손을 뻗어 선생님 얼굴에 케이크를 여러 번 문질렀다. 다들 소리를 지르며 즐거워했다. 아이도 이내 개구쟁이 같은 웃음을 터트렸다.

그 일들은 1년이 지난 지금까지도 아이들에게 회자되는 즐거운 추억이다. 그동안 숱한 여행을 다녔지만, 캠프에서 있었던 일만큼 세세하게 기억하는 것도 없었다. 엄마에게 받은 용돈으로 스스로 햄버거와 콜라를 사 먹었던 일, 스누피 탄생 50주년 기념으로 커다란 동상이 놀이공원 앞에 있었던 것, 아빠가 좋아하는 냉장고 마그넷을 사기 위해 동생과 남은 돈을 합쳤던 일 등을 재미있는 추억으로 간직했다. 고작 나흘이었지만, 나 역시 처음으로 아이들을 미국의 단체생활에 떨어트려 놓았던지라 걱정이 컸었다. 하지만 아이들은 어른보다 강했다. 그 적응력은 상상을 뛰어넘으며 기대보다 멋지게 해냈다.

11

미국에서의 튜터링 수업

캠프에서 만난 지나 선생님의 나이가 고2라는 사실은 내게 강렬한 인상을 남겼다. 가장 큰 의문은 '고2가 어떻게 이 중요한 여름 방학에 공부를 안 하고 봉사 활동을 하고 있는가'였다. 우리나라로 치면 고3 올라가기 직전 방학이 아니던가. 엄마가 허락했다니 한국에서는 상상하기 힘든 일이었다. 지나는 나의 질문에 이렇게 답했다. 대학입시에 필요한 과목은 거의 다 들었고, 몇 과목만 더 하면 되는데 크게 방해될 정도는 아니어서 지장을 주지 않는다고 했다. 이야기를 들어 보니 공부를 소홀히 여기는 것도 아니었다. 지나는 소아과 의사가 되고 싶다면서 대학에서 생물학을 전공하고 의대에 갈 계획이라고 했다.

이후 나는 우연한 기회에 지나 엄마와 얘기를 나눌 기회가 생겼다. 이제 곧 고3이 되는 학생이 이렇게나 자유로울 수 있다는 것에 놀라움을 표하며 몇 가지를 질문했다. 지나의 엄마는 딸이 학교에서도 우수한 성적을 거두고 있어 크게 제지하지 않는다고 했다. 아이들을 좋아하고, 이곳 캠프에 같이 다니면서 알게 된 선생님들과도 계속 친분을 쌓아 나가고 있어서 봉사 활동하러 매년 꼬박꼬박 참여하는 것을 허락했다고 했다. 덧붙여서 대학에 들어가면서부터가 진짜 공부가 시작되는 것 아니겠냐고 말했다. 대학만 들어가면 끝이라는 생각으로 고등학교를 졸업할 때까지 입시의 그늘에서 벗어날 수 없는 우리나라의 아이들, 학부모와는 너무 다른 생각이었다.

지나는 뜨거운 캘리포니아의 햇살 아래 친구들과 웃고 떠들며 눈부신 에너지를 내뿜었다. 자신의 생각과 소신을 가지고, 우리 아이들 같이 미국에 온 지 얼마 되지 않아 언어 적응을 힘들어 하는 아이들을 돕고, 자신의 영역을 개척해 나가는 자신감 충만한 삶을 살고 있었다. 지나와 지나 엄마와의 만남은 내가 첫 번째로 겪은 문화 충격이었다.

나는 이 인연을 계기로 지나 선생님에게 아이들이 학교에 적응하기 전까지 튜터링tutoring(개인교습)을 해 줄 수 있는지 물었다. 지나는 흔쾌히 승낙했고, 그 후 한 달 동안 일주일에 두 번씩 아이들과 함께 《브레인퀘스트Brain Quest》라는 교재로 문제도 풀고, 놀이터에 나가서 놀고, 집 안에서 게임도 하고, 간식도 먹으며 시간을 보냈다.

지나 선생님이 아이들을 위해 영어와 한국말과 섞어서 썼던 것을 알고 있었기에 튜터링을 하면서는 되도록 영어로 대화를 해 달라고 부탁했다. 아이들은 어린 시절 늘어지도록 들었던 영어 CD와 DVD의 음성에 익숙해져서인지 아니면 눈치로 파악하는 건지 꽤 잘 알아듣고 대화도 했다. 물론 아이들은 주로 한국말로 떠들었고 간간이 영어 단어를 말하는 정도였다. 하지만 점차 선생님이 쓰는 단어들을 복사하고 모방하면서 말을 배우는 것 같았다.

영어로 대화하는 일에 익숙해지길 바라며 시작했던 튜터링은 아이들의 학교생활이 본격적으로 시작되면서 그만두게 되었다. 그래도 지나 선생님과의 인연은 계속 이어 갔다. 서로의 집에 초대하거나 핼러윈 행사에 놀러 오는 등 꾸준히 왕래했다.

주변에 1~2년 정도의 단기 유학을 온 분들 중에서도 자녀에게 튜터링을 받게 하는 경우가 많았다. 주로 일주일에 한 번 1시간씩이었고, 한국에 돌아갈 날이 가까워질수록 더 집중적으로 진행하여 일주일에 4번을 받는 아이도 있었다. 가격은 고등학생일 경우 시간당 15불 이상이었다. 미국의 초등학교 선생님들 중에는 자기 반 학생이 아닌 경우 방과 후 튜터링을 하기도 했는데 시간당 40불에서 60불 정도다.

12

새 학기 시작! 미국 초등학교 오리엔테이션(입학식)

큰아이는 한국에서 1학년 1학기를 다니다 말았고, 둘째는 6세 유치원생으로 미국 LA에 도착했다. 첫째는 월령을 계산해 미국 공립 초등학교의 2학년 1학기로 입학했다. 미국은 5살부터 프리스쿨PreSchool 학생으로 공립학교에 다닐 수 있으므로 6살이던 둘째도 킨더Kindergarten, K(유치원)학년으로 정식 초등학생이 되었다. 미국은 대개 K에서 그레이드Grade 5학년까지의 학생들이 초등학교에 다닌다. 9월 새 학기 입학을 기준으로 작년 9월부터 올해 8월에 태어난 학생까지를 한 학년의 나이로 본다. 이는 지역마다 조금 다를 수 있고, 학교장 재량으로 융통성을 발휘할 수도 있는 부분이다. 때문에 기준 날짜에서 조금 벗어났지만 부모가 원하는 경우 원하는 학년에 배정해 주는 학교도 있고, 절대로 안 된다는 학교도 있으니 아이가 다니게 될 학교에 자세히 알아봐야 한다.

실제로 둘째와 같은 연도에 태어난 한 친구는 몇 달 늦게 태어났다는 이유로 K학년보다 더 낮은 TKTransitional Kindergarten, TK(유치원 준비반)학년으로 입학을 했다. 교장 선생님은 우리 부부에게 아이들의 영어가 부족하면 한 학년씩 낮춰도 좋다고 했으나 우리는 아이들이 또래와 같은 반에서 공부하기를 원했다. 영어는 아이들의 잠재력과 습득력을 믿기로 했다. 게다가 지금까지 큰아이의 학습 능력을 보면 충분히 적응해 배울 수 있겠다는 판단을 내렸다. 부족하면 부족한 대로 자신과 비슷하거나 빠른 아이들과 공부하는 것이 아이에게 자극이 되어 높은 성취감을 줄 거라 생각했다.

둘째도 K학년에서 한 단계를 낮추면 TK 학년에 들어가야 하는데 그 반은 너무 아기들 반 같은 느낌이었다. K학년부터 알파벳과 숫자를 배운다고 했다. 우리는 미국 아이들에게 적용하는 생년월일을 기준으로 K학년과 그레이드 2에 입학시키기로 했다.

미국에 온 지 약 한 달 만인 8월 15일 월요일, 아이들이 다닐 초등학교 강당에서 오리엔테이션이 열렸다. 입학식은 따로 없었기 때문에 오리엔테이션이 입학식이나 마찬가지였다. 당장 내일부터 시작할 학교생활을 하기 전에 미리 선생님과 친구들을 만나는 날이다. 엄마 아빠의 손을 잡은 아이들이 모두 학교 강당에 모였다.

오전에는 킨더 학년, 그레이드 1, 2학년이 모였고, 오후에는 3, 4, 5학년이 모였다. 강당은 규모가 작았다. 일반적인 우리나라 초등학교 강당의 반 정도 되는 크기였으나 그렇게 붐빈다는 느낌은 들지 않았다.

오리엔테이션 행사의 사회자는 교장 선생님이었고, 하루의 전체적인 일정을 소개했다. 아이들의 책이나 영상물에서 본 미국의 교장 선생님은 학부모나 아이들과 꽤 가까운 존재였다. 그것과 다르지 않은 것 같아 친근하게 느껴졌다.

학교생활에 대해 숙지하고 있어야 할 내용들, 스낵 백(아이들 간식 도시락), 런치 백(아이들 점심 도시락, 밥을 사 먹을 수도 있지만 어린 아이들의 경우 싸 오는 것이 좋다고 함) 준비, 저소득층 급식 안내, 아이들 등하교 시간 주차 문제, 학교 재정을 위한 기부 요청 등 다양한 이야기 끝에 선생님 소개가 이어졌다.

담임 선생님의 이름과 함께 아이들 이름이 호명되면 부모와 아이가 선생님을 따라나섰다. 남편은 큰아이를 따라가고, 나는 둘째를 따라갔다. 교실로 가서 내일부터 학교에 오면 어떤 순서로 움직여야 할지 부모와 함께 간단한 연습을 진행했다. 화장실 위치도 미리 파악해 두고, 학교에 두고 쓰는 교과서에 대한 설명도 들었다. 선생님은 수학책을 숙제 부분과 학교에서 배울 부분으로 나눠서 찢은 후에 스테이플로 찍어 달라고 몇몇 부모에게 부탁했다. 나도 도와 드리고 싶었으나 영어가 짧아서 잘못 이해하고 교과서를 엉망으로 만들까 싶어 선뜻 나서지 못했다.

약 2시간 정도 진행된 오리엔테이션 일정을 마치고 함께 집으로 돌아왔다. 긴장하며 설명을 들어서 그런지 우리 부부도 아이들만큼이나 피곤했다.

다음 날 아침, 학교 가기 전 둘째가 말했다. "엄마, 엄마가 나 영어 못한다고 말해줘. 조금은 하는데 많이는 못한다고. English No라고. 그리고 누나랑 같이 있고 싶어, 나 화장실도 어디 있는지 모르는데… 엉엉."

학교에서 예행연습 할 때의 모습도 짠했는데 아이의 말을 들으니 더욱 안타까웠다. 누나와 함께 있을 때는 안심이 됐는데, 이제 누나와도 떨어져 홀로 모든 것을 헤쳐 나가야 한다고 생각하니 두려움이 컸나 보다. '마음껏 말도 못하고 얼마나 답답할까' 아이에게 괜스레 미안했다. 하지만 엄마가 대신해 줄 수 있는 일은 많지 않았고, 그저 매일 아침 아이를 응원하고 기도하는 수밖에 없었다.

"엄마는, 너희들이 잘 해낼 거라고 믿어. 잘 해낼 거야."

언어도 얼굴도 모든 것이 낯선 이곳에서 친구들과 즐겁게 지낼 수 있기만을 바랄 뿐이었다. 1년 6개월이라는 시간 동안 무엇을 배울 수 있을지, 어떤 변화를 이루어 나갈지 이제부터 시작이었다.

13

스낵과 점심 도시락 준비

미국의 공립 초등학교는 무료 급식을 하지 않았다. 대신 저소득층 아이들을 위해 공짜 점심이나 할인된 가격으로 먹을 수 있는 제도가 있었고, 원하는 경우 학교의 카페테리아에서 2.5달러에 점심을 사 먹을 수 있었다. 하지만 아직 어린 아이들의 경우 도시락이 더 좋다는 선생님의 말에 간식과 점심을 싸게 됐다. 더구나 카페테리아의 점심을 먹어 본 아이들이 엄마 도시락을 먹고 싶다고 하기도 해서 어쩔 수 없었다.

예전에 영국의 유명 요리사 제이미 올리버가 학교 급식이 내용 면에서 너무 부실하고 정크 푸드junk food가 많다면서 아이들에게 제대로 된 급식을 먹이자는 캠페인과 쇼 프로그램을 진행했던 걸 본 적이 있다. 영국 학교의 점심시간에 나오는 음식들은 모두 질이 낮아 보였는데, 미국도 마찬가지로 급식의 질이 현저히 낮았다. 정말 우리나라의 어린이집이나 유치원, 초등학교의 급식은 우수한 것이었다. 아마도 밥 한 끼 같이 먹는다는 것에 대한 인식, 먹는 것으로는 야박하게 굴지 않는다는 우리나라의 음식 문화와 정서 때문인지도 모르겠다.

아이들에게는 매일 간식과 도시락 각 2개씩 총 4개의 통을 들려 보내야 했다. 또한 삼시 세끼 네 식구를 먹여야 했기 때문에 나는 주방에서 지내야 할 때가 많았다. 남편도 마땅히 사 먹을 곳도 없고, 먹어 봐야 햄버거, 파스타뿐이었으니 하얀 쌀밥과 한국식 반찬들을 그리워했다.

미국에 오기 전에는 "로마에 가면 로마법을 따라야 하듯이 미국에 가면 미국식으로 먹을 거야"하던 남편은 한국에서보다 더 한식을 찾아 먹으려 해서 내게 핀잔을 듣기도 했다. 솔직히 미국에 와서까지 손에 물이 마를 날이 없다는 것이 속상하기도 했다. 하지만 외식비가 비싸서 사 먹는 것도 부담스러웠고, 외식을 할 수 있는 음식도 한정적인 데다 몇 번 먹으면 물리기도 해서 결국 한식을 해 먹게 됐다.

도시락 싸기란 쉬운 일이 아니었다. 간식도 마찬가지지만 도시락은 냄새가 나지 않아야 했고, 뜨거운 캘리포니아의 날씨 속에서도 상하지 않는 메뉴여야 했다. 이 두 가지 요건을 맞추는 것만으로도 큰 수고가 필요했다. 특히 요리책이나 레시피 없이는 간도 잘 맞추지 못하는 나로서는 한국식 재료가 부족한 상황에서 맛있는 도시락을 싸려니 여간 힘든 것이 아니었다. 아이들은 서투른 엄마의 솜씨에 점심 도시락을 다 먹지 않고 남겨 오는 날도 많았다.

한국 아이들을 포함해 다른 친구들이 싸 오는 간식은 과일, 시리얼바, 너겟, 과자, 빵, 우유, 요거트, 감자, 고구마, 옥수수 등이었다. 점심밥으로는 샌드위치, 햄버거, 스파게티, 돈까스, 볶음밥, 유부초밥, 김밥, 주먹밥, 불고기덮밥, 잡채밥 등 다양했다. 아이들은 종종 서로의 먹거리를 나눠 먹기도 하는 것 같았다.

"엄마, 오늘 친구가 내 유부초밥이 맛있어 보인다고 해서 한 개 줬더니 엄청 맛있다고 thumbs up(엄지척)하더라. 그리고 미국 애들 중에 간식으로 김 한 봉지씩 가져오는 애도 있어."

"간식 시간에 김만 먹는 거야?"

"응, 김이 몸에 좋은 거라고 그걸 과자처럼 먹고 가는 거야."

"엄마, 오늘은 스파게티 먹고 싶어. 그리고 계란말이 쌀 때는 케첩 잊지 말고 넣어줘."

"애들이 다이노라는 치킨 너겟 같은 거 싸 오는데, 나도 그거 먹고 싶다."

"엄마, 오늘은 고기가 부족했어. 밥이 너무 많아."

이렇듯 스낵과 도시락에 대한 아이들의 잔소리는 계속됐지만, 내 실력은 그다지 나아지지 않았다. 어서 한국에 가서 아이들이 맛나고 다양하면서 영양가 높은 학교 급식을 먹으면 한결 수월하겠다는 바람이 커질 뿐이었다. 그래도 아주 가끔 가다 맛있다고 해주는 날엔 기분이 좋았다. '어떻게 하면 맛있게 쌀 수 있을까'라는 고민이 끊이지 않았다.

14

월요일 조회 시간

매주 월요일은 아이들이 모두 운동장에 모여 교장 선생님의 말씀을 듣는다. 우리나라와 마찬가지로 월요일 아침 조회시간이 있는 것이다. 국가는 특별한 행사 때에만 가끔 부르고 평소에는 국기에 대한 맹세만 한 뒤에 교장 선생님의 말씀이 이어진다. 훈화 말씀만 하고 들어가는 한국의 교장 선생님들과 다른 점이 있다면 미국의 교장 선생님은 처음부터 끝까지 사회를 본다는 점일 것이다.

사실 사회뿐만 아니라 일주일 동안 있을 학교 행사에 대한 안내는 물론, 보이 스카우트와 걸 스카우트에서 학생 모집을 위해 연맹에서 특별 손님들이 방문했을 때에도 소개부터 인사까지 모두 교장 선생님이 도맡아 진행했다.

처음에는 아이들이 차가운 시멘트 바닥에 앉아 있어야 하는 것을 마뜩잖게 생각했지만, 미국에서 지내다 보니 바닥에 털썩털썩 주저앉는 것에 점점 익숙해졌다. 불같이 뜨거운 태양이 아이들 머리 위에서 이글거리는데도 아이들은 아주 조용히 교장 선생님의 말에 귀를 기울였다. 어른들이나 선생님이 말하는 중일 때 절대 끼어들거나 떠들지 않는 미국식 에티켓 교육 덕택인 것 같았다.

조회시간은 굉장히 짧은 편으로, 겉치레는 생략하고 대부분 10분 안쪽으로 끝난다. 이때 잘 듣지 못한다 하더라도 걱정할 필요는 없다. 학급에서 안내 프린트 물이 다 나오고, 아이들을 데리러 갈 때 교실 문 앞에 붙어 있기도 했다. 또 저녁 6시경에 교장 선생님의 목소리가 녹음된 공지사항 안내 전화가 수시로 걸려 온다.

아이들이 다니는 초등학교에는 재미있는 제도가 하나 있다. 일종의 칭찬스티커와 같은 제도인데, 일주일 동안 친구를 친절하게 대하거나 선생님을 도와 드리는 등의 착한 일을 하면 티켓을 하나씩 준다. 자신의 이름이 적힌 그 티켓은 매주 금요일에 상자에 모두 합쳐 넣는다. 월요일 조회시간에 교장 선생님 얘기가 다 끝난 후 3장을 뽑아 호명된 학생에게는 아이스크림을 공짜로 먹을 수 있는 쿠폰을 줬다. 단 세 명만 뽑기 때문에 확률은 낮지만 기대하는 재미가 있었다.

매주 월요일과 수요일, 금요일은 자원 봉사하는 엄마들이 아이스크림을 판매하는 날이다. 1달러에 판매하는데 모인 수익금을 학교 재정에 보태기도 하고, 아이들에게 기쁨을 주기도 하는 일석이조의 깜짝 이벤트다.

어느 날 둘째가 아이스크림 쿠폰 추첨에 당첨되었다. 깜짝 놀란 아이는 어리둥절해하며 앞으로 나갔다고 한다. 교장 선생님의 칭찬과 함께 아이스크림 쿠폰을 받은 아이는 하교 후에 쿠폰으로 아이스크림을 사 먹었다.

"엄마, 나 처음엔 내 이름이 아닌 줄 알았어."

"그렇구나. 기분이 어땠어?"

"진짜 깜짝 놀랐어, 헤헤. 그걸로 오늘 팝시클 아이스크림 사 먹었어."

"잘했어, 근데 우리 준이가 어떤 착한 행동을 해서 티켓을 받았어?"

"몰라, 잘 기억이 안 나는데. 선생님 도와주거나 친구들 도와주면 주는 거니까. 그때 받은 것 같다."

대화를 나눠 보니 둘째는 자신이 어떤 선행을 하고 상을 받았는지도 모른 채, 그저 아이스크림을 먹었다는 사실만이 기쁜 모양이었다. 해맑은 아이의 모습을 보니 언제나 그렇게 행복하고 즐거운 사람으로 자라길 바라며 흐뭇한 마음이 되었다. 아직 어린 아이니까 남을 돕는 일에 대한 긍정적인 느낌을 받는 것만으로도 좋은 일이었다.

15

푸드 트럭 데이

학기 초에는 여러 행사들이 있어 참 바빴다. 특히 아이들이 다니는 공립학교는 학교 재정을 위한 기부금 모금 행사를 신경 써서 기획했다. 기부 행사를 위한 이벤트가 굉장히 다양했는데, 그중 하나인 푸드 트럭 데이Food Truck Day는 서너 대의 푸드 트럭이 한 달에 한 번 학교 앞에 오는 행사였다. 시간은 5시 30분부터 8시 30분까지 열린다. 아이들과 부모들이 그 시간 내에 자유롭게 와서 음식을 사 먹으면 된다. 수익의 일부는 학교에 기부되었다. 처음 참가하는 행사라 우리 부부도 아이들과 함께 가 보기로 했다.

푸드 트럭의 음식들은 대부분 가볍게 저녁 한 끼 때울 수 있는 메뉴들이었다. 가격은 일반 매장에서 파는 것보다 조금씩 비쌌지만, 맛은 생각보다 괜찮았다. 학교 재정에도 보탬이 된다고 하고 언제 또 이런 문화를 접해 볼 수 있으랴 싶어 아이들이 원하는 햄버거와 또르띠야, 음료, 슬러시를 잔뜩 시키고 잔디밭에 앉아 기다렸다. 잔디밭에는 이미 담요를 깔고 앉아 음식을 먹고 있는 사람들이 많았다.

마침 우리 바로 옆 자리에는 할머니 한 분이 계셨다. 아이들이 음식을 사러 갔는지 캠핑 의자에 혼자 앉아 있었다. 가까운데 아무 말도 하지 않는 것도 어색해서 용기를 내 인사를 건넸다. "안녕하세요!" 첫 인사는 힘들었지만 차츰 편안한 분위기에서 이야기를 나눌 수 있었다.

다른 미국 초등학교도 이런 행사를 하는지 궁금해져서 질문했더니 푸드 트럭은 많지만 이런 행사가 흔한 건 아니고, 여기 초등학교가 좀 특별한 경우라고 좋은 학교여서 다양한 경험을 할 수 있는 거라고 말씀하셨다. 한 달에 한 번씩 이벤트가 있는데, 애들도 친구들과 맘껏 놀 수 있어 좋은 것 같다고 덧붙이셨다. 할머니에게는 올해 초등학교 2학년이 된 손녀가 있었는데, 그 손녀 이야기를 하면서 아이들 영어는 금방 느니까 걱정하지 말라고도 하셨다.

할머니는 대화 내내 온화한 미소를 띠우며 또박또박 천천히 말씀해 주셨고, 미국에 온 걸 환영한다는 친절한 한마디도 잊지 않으셨다. 그렇게 담소를 나누다 보니 어느덧 남편이 음식을 가지고 왔고, 펼쳐 놓은 돗자리 위에 옹기종기 둘러 앉아 음식을 먹었다.

해가 질 때까지 이어진 푸드 트럭 데이

엄마의 일손을 덜어 주는 외식은 언제나 환영이다. 아이들도 맛있게 잘 먹었다.

사실 처음에는 학교에서 몇 번이고 대대적으로 공지를 해서 엄청 큰 행사인 줄 알았는데, 막상 와 보니 푸드 트럭 4대가 전부로 생각보다 조촐했다. 음식 값은 약간 비쌌지만 그게 아이들의 교육에도 쓰인다고 보면 괜찮았다.

그리고 아이가 직접 음식도 주문해 보고, 새로운 문화를 접할 수 있어 좋은 시간이었다. 무엇보다 이곳 LA는 대부분 차로 이동하기 때문에 길에서 다른 아이들이나 학부모를 마주칠 일이 잘 생기지 않는다. 아이들도 친구와 놀려면 따로 약속을 정해 부모가 차로 데려다줘야만 만날 수가 있다. 그러니 이런 학교 행사를 통해 다른 학부모와 소통할 기회를 잘 활용하면 좋을 것 같다. 아이들도 이 기회에 친구들과 자유롭게 놀 수 있다. 외식비 지출로 지갑은 얇아져도 아이들의 웃음소리는 더욱 높았던 하루였다.

16

넘쳐 나는 티셔츠

학기 시작 후 얼마 되지 않았을 때 학교에서 안내문이 날아왔다. 학교의 이름이 새겨진 티셔츠를 판매하므로 온라인으로 주문하라는 내용이었다. 반드시 사야 하는 것인지 긴가민가했는데, 미국의 초등학교에 다니는 일은 아마도 단 한 번뿐인 경험이 될 테니 기념으로 온 가족이 티셔츠를 하나씩 마련했다.

나와 딸은 학교의 대표색인 초록색, 아들과 아빠는 파란색으로 주문을 했다. 나중에 알고 보니 이 티셔츠는 매주 금요일마다 학교에 입고 와야 하는 티셔츠였다. 물론 집에 있는 아무 초록색 옷이나 입어도 되고 없으면 입고 오지 않아도 무방하지만, 아이들과 선생님 대부분은 금요일에 학교의 로고가 새겨진 티셔츠를 입고 왔다.

그리고 얼마의 시간이 지나자 학교에서 또 안내문이 날아왔다. 핼러윈 행사 기념 티셔츠를 구매하라는 내용이었다. 역시 강제는 아니었지만 핼러윈 행사를 대비해 입고 다니면 좋을 듯해서 구입했다. 그런데 또 몇 달이 지난 후 학교에서 펀 런Fun run이라는 이벤트가 열렸다. 아이들이 운동장을 34바퀴 돌면서 티셔츠에 몇 바퀴를 돌았는지 체크하는 행사였다. 부모들은 학교의 안내에 따라 아이들의 달리기를 응원하는 의미로 온라인에서 기부금을 낼 수 있었다. 이러다 보니 벌써 3개의 티셔츠가 생겼다.

여름 방학에는 두 군데의 캠프를 다니게 되었는데 그곳에서도 캠프 티셔츠를 입게 되어 있었다. 매일 입어야 한다고 2벌씩 준 곳도 있었다. 학교에서 산 것, 행사 때 받은 것, 캠프에서 받은 것 등을 합하니 티셔츠가 넘쳐 났다. 덕분에 불필요하게 아이들의 옷을 살 필요가 없었다. 아이들은 단체 티셔츠를 좋아했고 잘 입었다.

민이와 준이는 서너 살 때부터 스스로 옷을 찾아 입고 다녔는데, 아침에 그 옷들을 쏙쏙 골라 잘 입고 다녔다. 특히 펀 런에서 받은 티셔츠에는 몇 바퀴를 돌았는지 표시도 되어 있고, 기념으로 선생님이나 친구들이 티셔츠에 서로 응원하는 글과 사인을 했기 때문인지 특별하게 여기는 것 같았다.

미국에 처음 왔을 때 우리나라에서는 비싼 브랜드의 옷값이 미국에서는 터무니없이 싸서 여러 벌을 구입했었다. 지금에 와서 돌이켜 보니 아이들을 위해 너무 많은 옷을 구입할 필요는 없는 것 같다. 또한 미국은 세탁 후에 바로 건조기를 사용하기 때문에 2시간이면 다시 깨끗해진 옷을 입을 수 있다. 아이들 또한 좋아하는 옷, 익숙해서 편안한 옷만 꺼내 입으려 해서 안 입고 작아진 옷들도 여러 벌이었다. 미국 여행 중에 기념 티셔츠들도 종종 사게 되므로 여러모로 아이들의 티셔츠는 넘쳐날 수밖에 없었다.

17

백 투 스쿨 나이트

백 투 스쿨 나이트Back to School Night는 매년 학기가 시작하고 1~2주가 지난 시점인 8월 마지막 주쯤에 열리는 학교 행사다. 아이들의 담임 선생님께서 반으로 학부모를 초대해 1년간의 교육 방침에 관해 설명하고 간단히 담소도 나눈다. 한 마디로 선생님과 학부모의 만남의 시간인 것이다.

저녁 5시 30분부터 6시 15분까지는 TK, K, 1, 2학년의 발표회가 있었고 6시 15분부터 7시까지 3, 4, 5학년의 발표회가 있었다. 우리 부부는 다행히 두 아이의 발표 시간대가 달라서 모두 참석할 수 있었다.

대개 학부모에게 설명해 주는 내용은 아이들의 하루일과가 어떻게 이루어지는지, 이번 학년에서 달성해야 할 학습 목표는 무엇인지, 숙제와 관련한 부분은 어떻게 할 예정인지, 학부모의 자원봉사에 대한 안내, 생일파티 규칙, 학급 운영 등에 대한 전반적인 이야기들이다. 부모님들은 자녀들이 앉는 의자에 앉아서 얘기를 들었는데, 한 엄마가 아이들이 자리를 얼마 만에 한 번 씩 바꾸는지를 물었다. 한국에서도 비슷한 질문을 들었던 것 같다. 어느 곳이나 자리 선점에 대한 문제는 중요하다는 생각이 들어 웃음이 났다.

선생님의 설명을 듣고 나면 질문시간이 있다. 질문을 끝으로 공식적인 시간을 모두 마친 뒤에는 선생님과 일대일로 인사를 나누는데, 아이에 대해 특별히 전달할 사항이 있으면 이때 전하면 된다. 나 역시 잠시 기다렸다가 아이들이 학교생활에 잘 적응하기를 바라는 부모의 걱정 어린 마음을 전하기로 했다.

"우리 민이가 한국에서 온 지 얼마 안 돼서 영어가 많이 부족하지만, 한국에서는 곧잘 하던 아이니 잘 이끌어 주세요."

부족한 영어였지만 진심을 담아 말했다. 선생님은 나를 바라보며 밝은 표정으로 답했다.

"걱정하지 마세요. 애들은 정말 적응력이 뛰어나거든요. 작년에도 민이처럼 미국에 처음 온 아이가 있었어요. 그런데 1년 후에, Oh my god, 영어 너무 잘하게 됐어요. 하나도 걱정할 거 없어요."

선생님의 유쾌한 태도와 긍정적인 에너지에 안심이 되었다.

둘째네 반 담임 선생님은 젊고 예쁜 멋쟁이 선생님이었다. 내가 잘 부탁한다는 말을 전하자 아이를 믿어 보자며 걱정하지 말라고 특별히 얘기할 게 있으면 바로바로 이메일이나 등하교 시간에 말해 달라고 했다. 어른들에게도 새로운 환경에의 적응은 큰 스트레스다. 평소에 어른들도 감당하기 힘든 짐을 아이들에게 지게 한 것은 아닌가 걱정이 있었다. 하지만 이번에 담임 선생님들을 만나고 한시름 놓을 수 있었다. 이날 우리 부부는 1년 동안 성장할 아이들의 모습을 고대하며 편안한 마음으로 집에 돌아왔다.

며칠 후 하교 시간에 데리러 갔는데 아이가 가방이 무거운지 힘겹게 어깨를 늘어뜨리며 다가왔다. "엄마, 이거" 하면서 가방을 내미는데 가방이 묵직했다. 가방을 열어 보니 그 안에는 학교에서 쓰는 교과서가 두 권 들어 있었다. 책 앞면에 포스트잇이 붙어 있었는데 '집에 보관해 놓고 읽기'라고 쓰여 있었다.

미국은 교과서 가격이 비싸서 사지 않고 물려 쓰는 경우가 많은데, 선생님이 집에서도 미리 읽거나 복습하라는 의미로 아이에게 교과서를 선물로 줬던 것이다. 백 투 스쿨 나이트 때 잔뜩 걱정하던 나의 모습을 기억한 선생님이 신경을 쓴 것 같았다. 아이는 "이거, 학교에서 지금 배우고 있는 거야. 여기 한국 여자애도 나와" 하면서 '윤'이라는 아이가 미국에 처음 와 겪는 이야기가 들어 있는 부분을 가리켰다. 밤에 잠자리에 누워 그 이야기를 읽어 주며 아이가 윤이처럼 잘 해내기를 소망했다. 선생님의 배려에 감사한 날이었다.

18

레크리에이션 센터의 미술 수업

집에서 걸어갈 수 있는 가까운 거리에 큰 레크리에이션센터Recreation Center가 있었다. 이곳은 지역 주민들을 위한 문화, 체육 시설이 갖춰져 있는 곳이었는데, 큰 공원이 함께 붙어 있어 모두가 자유롭게 이용했다. 놀이터와 축구장, 농구장, 테니스장, 육상 트랙, 수영장까지 갖춘 마비스타 레크리에이션 센터는 아이가 초등학교에 입학하기 전 나흘 동안 다녔던 캠프가 열린 곳이기도 했다. 학기 중에는 피아노와 미술 수업이 있었다. 비교적 저렴한 가격으로 배울 수 있어 인기가 많았다. 피아노 레슨은 간발의 차이로 놓쳤고, 미술 수업은 겨우 신청할 수 있었다.

한국의 미술학원과 비교해보면 그렇게 수준이 높은 교육이 이뤄지는 곳은 아니었고 대체적으로는 아주 거친 수업을 했다. 다양한 재료들을 활용하고, 어린 시절 읽었던 책을 떠올리며 아이디어를 구상한다거나 모사를 통해 그림 스킬을 늘리는 수업의 내용은 마음에 들었다. 아이들의 자율적인 미술 활동을 지켜봐 주는 정도의 수업이므로 엄마들보다는 아이가 더 좋아할 만한 수업이었다.

센터가 아닌 다른 시설에서도 미술 수업을 받을 수 있었는데, 그러려면 직접 발품을 팔아야 했다. 집 근처 쇼핑몰에 아이들의 미술학원이 있는 경우도 봤고, 길가에 아트 스튜디오라고 해서 눈에 띄지도 않고 작게 자리한 경우도 있다. YMCA에서 한다는 얘기도 들었다. 또 우리나라 초등학교와 마찬가지로 방과 후 프로그램으로 미술 수업을 운영하기도 한다.

미국에서는 아이들이 갖고 놀 장난감이 많이 없었다. 초기에는 더욱 그랬다. 모두 한국에 놓고 왔기 때문이었다. 장난감을 새로 사 주기는 아깝고 미국 생활이 끝나면 도로 가져가는 것도 일일 것 같아 아이들이 뭘 갖고 놀면 좋을지 고민을 했다. 그러다 손을 많이 사용하는 만들기, 미술 관련 활동에 필요한 책들을 눈여겨봤다. 확실히 물자가 방대한 미국이다 보니 아이들용 아트 앤 크래프트Art and Craft 제품들의 종류와 가짓수가 참 많았다.

미술 관련 재료를 곧잘 사 주곤 했던 나의 기호와도 맞아 떨어져 아이들에게 다양한 만들기 용품을 사 주었다. 미국은 취미산업의 규모가 우리보다 훨씬 크고 발달해 있어서 대형마트 같은 조앤닷컴, 마이클스, 아트서플라이, 레이크쇼어, 스테이플스 등의 재료상과 문방구가 도처에 즐비하다. 기회가 닿는다면 미술 수업에 아이를 보내는 것도 좋지만, 솔직히 일부러 찾아 보내지는 않아도 될 것 같다. 잠시 머물다 가는 단기 유학이라면 재료들을 사서 아이와 엄마가 함께 만들고 꾸며 보는 시간을 갖는 것을 더 추천한다.

19

북 페어 자원 봉사

아이들에게 독서를 권장하는 건 어느 나라, 어느 학교나 마찬가지일 것 같다. 하지만 특히 미국의 학교들은 독서라면 대단한 열정을 가지고 있었다. 학교에서 열리는 행사 중 북 페어Book Fair라는 것이 있다. 간단히 말해 도서전 행사다. 일주일간 아이들이 등교하기 1시간 전부터 하교 후 4시까지 열린다.

이때 아이들은 강당에 전시된 책 중에서 사고 싶은 책을 고르고 구입 희망 목록Wish List을 작성한다. 고학년은 직접 돈을 가지고 와서 계산을 하고 저학년들은 보통 하교 후에 부모님과 함께 들러 구입했다. 이 행사의 수익금 역시 학교 운영 기금 마련에 보탬을 줄 수 있었고 선생님들의 학급 문고를 채우는 데에도 도움이 됐다. 아이들이 책에 더 가까이 다가갈 수 있으면서 여러모로 이득이 많은 행사라서 그런지 학교에서도 더욱 관심을 갖고 진행했다. 주최사인 '스콜라스틱북스'는 미국 전역의 학교에 이 행사를 개최하고 있다고 했다.

각 반 담임 선생님들도 학급 문고로 교실에 두고 봤으면 하는 책들을 골라 선생님의 희망도서 리스트Teacher's Wish List를 작성하는데, 이 리스트는 학부모들이 볼 수 있도록 전시장 한쪽에 마련되어 있는 커다란 보드에 꽂아 둔다. 그럼 학부모들이 선생님의 희망 리스트와 가격을 보고 책을 고른 뒤 1~2권씩 구매해 반에 기증하는 형식의 문화다. 계산할 때 책과 선생님의 희망도서 리스트를 함께 주면, 계산하는 분이 "교실에 기부하는 건가요?"라고 묻는다. 그렇다고 대답하면 스티커를 주는데 거기에 담임 선생님 성함과 아이의 이름을 적어 책에 붙이면 된다. 그리고 아이 편에 들려 보내면 학급 문고가 되어 같은 반 아이들이 모두 읽을 수 있다.

미국은 하나의 교실을 해당 학급의 담임 선생님 전용으로 쓰도록 하고 있다. 선생님은 거의 학년 변동 없이 그 학년만 계속 가르친다. 그러니 각 교실의 분위기는 선생님에 따라 달라지고, 교실의 모든 학급 문고와 교구들은 모두 선생님의 자산인 셈이다. 그래서 책을 사서 보내면 아이들에게도 좋지만 선생님 역시 좋아한다. 나도 아이들 반에 학급 문고 몇 권을 사서 아이 편에 보냈다. 다음 날 선생님은 감사 편지Thank You letter로 고마움을 전했다.

북 페어와 같은 행사는 모두 부모들의 자원 봉사로 이루어진다. 때마침 북 페어의 운영 과정이 궁금했던 나는 아이들이 수업 중간에 북 페어가 열리는 강당에 찾아온다는 소식을 듣고 자원 봉사를 신청했다. 수업 중간에 엄마를 만나면 아이들이 좋아할 것 같았다. 오전 쉬는 시간Recess time은 약 20분씩 K학년부터 5학년까지 순차적으로 가지는데 이때 아이들이 강당에 많이 들른다고 했다. 나는 아이들에게 엄마가 학교일에 참여하는 모습을 보여주고 싶어서 오전 쉬는 시간을 전후로 하루 3시간씩 이틀간 북 페어에 참여했다.

자원 봉사 내용은 별것이 없었다. 글씨를 쓰지 못하는 TK(5~6세), K학년(6~7세) 아이들을 위해 책 제목을 대필해 주거나, 어질러진 책을 정리하거나, 가격을 알려주거나, 사람들이 순서대로 계산할 수 있도록 돕는 일을 했다. 그나마 제일 힘들었던 일은 혹여 값을 지불하지 않고 가져가는 아이들이 있는지 살펴보는 일이었다. 아이들을 의심의 눈으로 바라볼 수밖에 없어 마음이 불편했다.

그런데 둘째 날 우려했던 일이 일어났다. 한 아이가 문구류를 슬쩍 품에 안고 나가다가 매의 눈을 가진 자원 봉사자 엄마에게 걸린 것이다. 교장 선생님이 와서 아이가 북 페어 기간에 출입 할 수 없도록 공표하고, 부모님 면담을 예고하는 것으로 일단락이 되었다. 설마 했던 일이 실제로 일어나는 것을 보니 깊은 한숨이 나왔다. 훔치는 일 자체도 문제였지만, 더욱 걱정이 되는 부분은 나중에 훔친 물건을 교실에 가지고 가서 당당하게 자랑하며 다른 아이들에게 악영향을 끼칠까하는 점이었다. 다른 부모들도 그것이 더 좋지 않은 일worst thing이라고 걱정했다. 어쨌거나 더는 이런 일이 생기지 않고 행사가 잘 끝나기를 바라는 마음으로 남은 시간을 보냈다.

내가 북 페어에서 가장 놀랐던 점은 아이들의 책 읽는 수준이 꽤 높았다는 것이다. 2학년 민이의 반 친구들도 그림 한 장 없는 빽빽하고 두툼한 책을 끼고 읽었다. 하긴 우리나라에서도 그 나이 또래에 그림책에서 벗어나 문고판 책을 읽는 아이들도 꽤 있었다는 생각을 해 볼 때 수긍할 만하지만 영어로 된 두꺼운 책이라 더욱 어렵게 느껴졌던 것 같다.

문득 한국의 독서 교육을 떠올렸다. 우리나라는 아이들을 위한 독서교육의 필요성을 강조하면서도 공부를 잘하기 위한 도구, 또는 또 하나의 사교육 과목이라고 생각하는 경향이 짙다. 체계적인 독서 지도가 필요한 일인데, 엄마들의 주관적인 판단으로 아이의 독서 방향을 잡아 줘야 한다고 치부하는 것 같다. 아이들이 어느 시기에 어떤 책을 어떻게 읽어야 하는지 이해하고 이끌어 주는 것은 분명 부모의 중요한 역할이다.

그러나 오히려 어른들이 그 틀에서 벗어나지 못한 채 아이들의 권장도서 수준을 결정하고, 학년별 추천도서라는 틀에 얽매여 있다면 좋은 영향을 줄 수 없지 않을까? 어쩌면 아이들은 어른들이 생각하는 것 이상으로 더 크고 어려운 수준도 받아들일 수 있는데, 접근하지 못하게 강제하고 제한을 하고 있지는 않은지 고민해

봐야 할 문제다. 학교와 도서관, 교사, 학부모, 그리고 많은 독서교육 전문가들이 한목소리로 아이들의 독서교육에 더욱 힘써야 할 것 같다는 생각을 했다.

다시 미국의 독서 교육으로 돌아와 보면, 미국 초등학교에서는 일주일에 한 번씩 책을 읽어 주는 스토리타임 선생님이 따로 계시고, 방과 후 반에도 일주일에 한 번 한 시간씩 책을 읽어 주고 아이들과 대화를 나누는 전문 선생님이 있다. 큰아이의 2학년 숙제 중 가장 컸던 것은 책 한 권을 꼼꼼히 읽고 내 것으로 소화하는 장기간에 걸친 프로젝트 과제였다. 또 2학년부터는 일주일에 한 번씩 1학년이나 K학년, TK학년의 동생 반에 가서 책 읽기 봉사를 해야 한다. 영어 교과서는 별다른 워크북 활동 없이 그냥 단행본 책을 여러 권 묶어 놓은 것이다.

읽기에 능숙하지 못한 K학년 아이들은 파닉스와 사이트 워드가 반복되면서 순차적으로 발전하는 약 56권짜리 시리즈 책을 별도의 숙제로 받는다. 특별한 영어 교재인 셈이다. 집에서 함께 읽다가 아이가 스스로 읽을 정도가 되면 학교로 돌려보낸다. 선생님이 아이가 혼자 읽을 수 있는지 체크를 한 후에 다음 책을 준다. 오늘 읽은 책은 무엇인지 매일 리스트를 써서 내는 것은 기본이고, 중간에 한 번씩 독서의 중요성을 강조하는 가정통신문이 온다.

1학기와 2학기가 시작되고 한 달 내로 북 페어라는 도서전을 열어 아이들이 학교에서 직접 책을 보고, 사고, 읽을 수 있도록 한다. 미국에서 아이들에게 얼마나 독서를 강조하고 있는지 하나하나 곱씹어 보니 정말 많은 독서 권유와 체험의 장이 우리 곁을 스쳐 갔는지 느낄 수 있었다. 아이들은 가랑비에 옷 젖듯 그렇게 아주 조금씩 책을 좋아하고 즐기는 아이들로 독서의 터 잡기를 해 나가고 있었다.

20

미국의 독서 권장 프로그램

미국에 왔을 때 들고 온 영어책은 미국 초등학교 생활의 거의 모든 것을 간접 경험할 수 있다는 『베렌스타인 베어스』 60권 시리즈와 『마녀위니』 6권 세트, 『The Family Treasury』 『The Complete Adventures of Curious George』 70주년 기념 판, 리처드 스캐리의 그림으로 기초단어를 설명한 단어 책, 『Fly Guy』 세트와 그 외 단행본 몇 권이었다. 대부분 CD가 함께 들어 있어서 듣기와 읽기를 함께 할 수 있고 아이들의 수준과 흥미를 고려해 고르고 고른 엄선한 책들이었다. 하지만 이 정도의 책으로는 부족했다. 게다가 아이들의 영어 수준에 비하면 조금 어려운 감도 있었다. 도서관에서 책을 빌려 오는 것은 반납 기간이 길기는 했지만 언제든 소장하면서 두고두고 볼 수 있는 것이 아니었기 때문에 책을 좀 사야 할 필요가 있었다. 사실 도서관이 워낙 잘 되어 있어서 책을 많이 구입하지 않아도 됐지만, 집 안에 책이 많으면 한 권이라도 더 보게 된다는 평소 지론에 따라 책 리스트와 구입처를 알아보기 시작했다.

마침 아이들이 다니는 학교에 스콜라스틱북스라는 좋은 방법이 있었다. 아이들은 한 달에 한 번씩 학교에서 스콜라스틱북스의 책이 가득한 광고지를 받아 왔다. 그 안에는 아이들이 좋아할 만한, 이달에 읽을 만한 책들이 학년별로 기재되어 있고, 추천 연령에 따라 광고지의 내용도 달랐다. 두 아이는 각자 광고지에 동그라미 표시도 하고, 읽어 봤거나 한글판으로 봤던 책들을 고르는 것을 즐겼다. 그중에 몇 권은 스콜라스틱북스 사이트를 통해 사 주고, 내가 나름 알아본 책들을 추가해 주문을 했다.

새 학기가 시작되면 선생님이 스콜라스틱 사이트와 고유 오더 넘버를 알려 준다. 각 학교와 선생님마다 개인 코드가 있어서 그 코드를 넣고 주문을 해야 아이가 속한 반으로 무사히 배달된다. 매달 이렇게 책을 사라는 광고지와 안내장이 오면 선생님이 정한 마감기한에 맞춰 책을 온라인으로 주문하면 된다. 부모들이 구입한 책은 한꺼번에 교실로 배달되고, 선생님은 아이 편에 주문한 책을 집으로 보내주신다.

이 제도의 가장 좋은 점은 책값이 싸다는 것이다. 책을 페이퍼북으로 제작해 단가를 낮추고, 심지어 세금도 매기지 않기 때문에 상대적으로 값이 매우 저렴하다. 학교로 배송을 해서 아이가 직접 받아 오기 때문에 택배비도 절약이 된다. 다른 온라인 서점과 비교해도 가격이 좋았다. 책에 관심이 많은 부모님이라면 이 방법을 알아 두면 좋을 것 같다. 이벤트를 하는 1~2달러짜리 책들 중에도 좋은 책이 많고, 대부분 페이퍼 북이라 책장에 자리를 차지하지 않아서 부담이 없다.

학교에 배달된 책은 선생님이 직접 나눠 준다. 아이는 선물을 받는 기분인지 자기만의 책이라고 좋아했다. 이렇듯 아이가 교실 앞에 나가 책을 받는 특별한 기쁨(?)을 더할 수 있다. 나는 고루 장점을 갖춘 이 제도를 한껏 이용했다. 아이 역시 매달 책을 사 달라는 듯 열심히 광고지에 동그라미를 그렸다. 매달 책 주문을 넣다 보니 집에 차츰 책이 많아졌다.

스콜라스틱은 이런 혜택도 있다. 부모들이 구입하는 금액을 정산해 금액별로 교실에 책을 무료로 공급해 주는 것이다. 따라서 부모님들이 주문을 많이 하면 그만큼 학급에 무료 책을 많이 받을 수 있어 선생님들도 환영하는 분위기였다. 재미있는 신간을 매달 지속적으로 받을 수 있어, 학급 문고가 다양하고 풍성해진다는 장점 때문에 책을 좋아하는 선생님들은 이 방법을 열심히 독려하셨다. 둘째의 담임 선생님이 바로 그런 분이시라 나도 그에 동참해 매달 책을 주문했다.

문득 첫째가 한국에서 1학년 1학기를 다닐 때 아이 교실에 있던 학급 문고를 보고 놀랐던 기억이 떠오른다. 놀람을 넘어서 실망을 금치 못했다. 내가 학교에 다니던 시절에도 학급 문고가 이렇게 빈약하지는 않았던 것 같은데, 어쩌면 이렇게 오래되고 낡고 재미없어 보이는 책들만 가득한지, 이게 책인지 누가 버리는 폐품을 모아 놓은 것인지 모를 정도여서 화가 났다. 물론 교실 외에도 학교 도서관이 있어서 그곳에서 책을 빌려 읽으면 되겠지만, 지척에 양질의 도서가 갖추어진 환경과 그렇지 않은 곳은 천지 차이라고 생각한다. 아이들은 어떤 환경에 노출되어 있느냐에 따라 학습의 차이를 보인다. 아이가 손 내밀면 닿는 곳에 좋은 책이 있다는 것은 아이의 독서 습관과 미래에도 큰 영향을 끼칠 것이다.

미국에 도착하고 정착에 바빴던 초기에는 학교뿐 아니라 생활 전반에 쏟아지는 과제들을 대응해 나가느라 이런 것들을 찬찬히 돌아볼 여유가 없었다. 12월부터 책을 주문하기 시작했는데, 미리 알지 못한 것이 아쉬울 정도였다. 점점 영어 책들이 눈에 익고 좋은 책들을 발견하게 되면서 더욱 그런 마음이 들었다. 이렇게 모두가 만족스러운 스콜라스틱북스 오더는 정말 좋은 제도라고 생각한다. 감히 최고의 온라인 서점이라고 손꼽고 싶다. 한국으로 돌아가기 전까지 자주 들여다봤다. 만약 한국에서도 사이트를 볼 수 있다면 매달 바뀌는 신문 광고지에 추천도서, 신간, 인기 있는 책들을 보며 아이들의 영어책 선정에 도움이 될 것이다.

책을 받아 오는 날에는 확실히 아이들이 책에 둘러싸여 더 열심히 책을 읽는다. 즐기며 책을 읽는다. 도서관에서 빌려 온 책을 보는 것과 또 다른 느낌이다. 여기 있는 동안 부지런히 사이트에 들어가 보고 주문해 줘야겠다.

스콜라스틱북스 Scholastic books

스콜라스틱은 미국 뉴욕에 있는 대형 출판사다. 스콜라스틱Scholastic은 '학업의'라는 뜻인데, 그 뜻에 걸맞게 주로 교육용 서적을 출판한다. 많이 알려진 책 중에서는 『The Secrets of Droon』『Junie B. Jones』『Magic Tree House』『Harry Potter』 등이 있다. 미국 전역의 학교에 저렴한 가격으로 책을 구매할 수 있는 북 클럽이나 북 페어와 같은 다양한 액티비티 프로그램을 운영하고 있다.

21

한글 책을 찾아라!

아이들에게 책의 무궁무진한 세상을 일깨워 주고 싶은 것이 부모 마음이겠지만, 아이들은 우선 재미가 있어야 책을 읽는다. 어쩌다 부모님의 애원과 잔소리와 불호령이 오고 가는 상황 속에 책을 들고 앉았는데, 그 책이 재미가 없다면 아이에게 책은 재미가 없는 것으로 각인될 뿐이다. 그렇기 때문에 나이가 어리다면 더욱 더 재미 위주로 아이들에게 독서를 권해야 한다.

재미있는 책은 어떻게 골라야 할지에 대해서는 나도 참 많이 고민했던 부분이었다. 추천도서 목록을 찾아보고 서평이 좋았던 것을 건네주기도 하고, 직접 읽어 보고 재미있었던 것이나 유명 작가들의 책을 아이에게 들이밀기도 했다. 하지만 아이는 내가 권한 책을 다 좋아하지는 않았다. 자신이 취할 것만 취하고 본인이 생각하기에 재미가 없다 싶은 건 거들떠보지도 않았다.

정말 아이는 한 명 한 명 모두 다 달랐다. 성격도 취향도 기질도 환경도 경험도 모두 다른 것이 당연하다. 그것을 다시금 깨닫게 된 나는 추천도서는 그저 참고만 할 뿐 무조건 읽혀야 하는 책이 아니라고 마음을 비웠다. 아이에게 책을 바치고 거절당하는 수모를 수십 번 겪으며 머릿속에 '참을 인' 자를 새기고 또 새겼다.

한국에서부터 줄곧 책을 좋아하는 엄마였으니 미국에 와서도 한글 책에 대한 끈을 놓을 수 없었다. 여기서 이런 의문이 들 수도 있다. '미국까지 와서 한글 책을 읽어야 할까?' 어떤 지인은 한글로 된 전집을 대량 싸 들고 왔다가 돌아갈 즈음에는 영어책을 더 많이 읽힐 걸 후회했다는 말을 했다. 나 역시 그 말을 듣고 고민이 되지 않은 것은 아니었다. 하지만 미국에서 1년 반을 머물게 될 텐데, 한참 모국어를 다듬어 갈 시기에 한글 책을 자유롭게 읽지 못한다는 것은 큰 타격이라고 생각했다.

4살 때부터 책을 혼자 읽기 시작해 7살에도 이미 200쪽짜리 책을 혼자 술술 읽고, 놀다가도 앉아서 책을 읽던 아이가 갑작스러운 환경 변화에 독서의 재미를 잃어버리는 것은 아닐까? 염려되었다. 떠나올 때까지도 두 가지 상반된 마음이 오락가락 했다. 그러나 욕심을 내려놓고 두 마음과 타협해 한국에서 가지고 온 전집은 딱 2질이었다. 큰아이를 위한 『사이언싱 톡톡』와 둘째를 위한 『리틀성경동화』였다.

최종적으로 미국에 올 때 가져온 한글 책은, 큰아이용으로 전집 한 세트와 둘째용으로 전집 한 세트 그리고 아이들이 읽었으면 하는 단행본 몇 권, 아이들이 스스로 가져가겠다고 고른 책 몇 권이었다. 큰아이 전집은 당시 수학과 과학을 연계한 내용을 담은 『사이언싱 톡톡』을 골랐다. 1학년에게는 딱딱하고 어려울 수도 있었으나 워낙 유명하고 좋은 책이라 하여 꼭 읽히고 싶었다. 읽을 만한 한글 책이 없는 상황에서 아이가 분명히 볼 것이라는 희망을 갖고 챙겨 왔다. 엄마의 예상대로 초반에는 아이가 읽는 것을 거부했으나 정말 할 일이 없고 읽을 책이 없자 아이가 먼저 책을 펼쳐 들기 시작했다. 책이 고프다며, 몇 번씩 반복해 본다.

둘째를 위한 전집은 『리틀성경동화』였는데 서양문화의 근간이며 신앙의 모태인 성경을 아이들이 읽었으면 했다. 책 내용도 쉬워서 아이가 나중에 한글을 공부할 때 필사를 시켜 볼까 하는 마음에 굳이 성경책을 골랐다. 잠자리에서 3권씩 정해서 읽어 주기 시작했는데 어느 날 큰아이가 그런다. "엄마, 이 책은 자기 전에 읽으면 좀 무서워. 사람들이 계속 죽으니까 죽는 생각이 나" 성경책의 인물들이 죽고 다시 후손이 대를 이어받는 식의 이야기가 계속되자 아이는 잠자리동화로 적당치 않다는 의견을 낸 것이다. 죽음이라는 단어가 자주 반복된 것 같진 않은데 아이에게는 그 부분이 크게 느껴진 것 같았다. 미처 생각지 못했던 부분이었다. 좋은 책이라고 생각해 엄선해 들고 온 전집인지라 아쉬웠다. 워낙 엄마들과 아이들에게 평이 좋은 책이라 기대했는데 우리 아이에게 맞는 책은 아니었던 것이다. 결국 미국에서 만난 좋은 분에게 드리고 왔다. 미국에 오래 살고 계셔서 한글 책이라면 늘 고픈 분이라 반가워하셨다.

이렇게 전집 두 세트가 덜렁 집에 있는 책의 전부이다 보니 읽을 만한 책이 턱없이 부족했다. 한글 책도 부족하고 그렇다고 영어책을 자유로이 읽는 수준도 되지 못한 상태였다. 그래도 이곳은 한국 사람들이 미국 내에서 가장 많이 산다는 LA가 아닌가. 주변 지인들과 인터넷을 통해 알음알음 한글 책을 공수할 수 있는 곳을 찾아봤다. 먼저 미국 생활을 시작한 선배의 도움을 받아 한국 책이 있는 세 곳을 알게 되었다. 한국 문화원과 한인 타운에 있는 피오피코 미국 공공 도서관, LA마당몰점에 크게 자리 잡은 알라딘 중고서점이 한글 책을 볼 수 있는 곳이었다.

LA 한국문화원

첫 번째는 LA 한국문화원이다. 한국의 문화를 알리는 곳이라는데, 자세히 둘러보진 못했으나 겉모양만 그럴듯한 모습이다. 특히나 도서관 규모와 대여 서비스에 좀 실망을 했다. 한 사람당 5권밖에 빌릴 수 없고, 대출 기간은 1주일이다. 그나마도 요구하는 서류가 까다롭고, 온라인으로 대출과 연장이 되지 않아 아주 열악한 수준이다. 하지만 아이에게 보여주려고 살까 했던 그리스 로마 신화 만화책이 시리즈로 있어서 그거 하나 보고 대출을 시작했다.

갈 때마다 조금 화가 난다. LA에 사는 한인의 수가 적지 않은데도 관리가 되어 있지 않았다. 게다가 이곳에 사는 교포 2세들이 우리말과 우리글을 완전히 잊어버리지 않게 하기 위해서라도 도서관의 중요성이 클 텐데 안타까운 마음이 자꾸 들었다. 그래도 아이가 좋아하는 책이 있어 꾸준히 빌려 오고 있다. 일주일에 한 번씩 한인 타운을 가는 것도 일인데, 남편과 나를 칭찬하고 싶을 정도로 열심히 대출해서 아이에게 책을 공급하고 있다.

피오피코 도서관

두 번째는 미국의 공공도서관인 피오피코 도서관이다. 한인 타운 내에 자리 잡고 있다. 그래서 그런지 한글 책이 많다. 한국문화원보다 보유 장서가 월등하다. 미국도서관이 한국문화원보다 한글 책을 더 많이 갖고 있으니 안타까운 상황이다. 책 안 읽는 국민은 책 읽는 환경을 조성하지 않는 국가, 사회 인프라의 탓도 크다는 생각이 든다.

이곳에서는 책을 25권 빌릴 수 있다. 대출 기간도 2주이며 온라인으로 연장하면 한 달도 볼 수 있다. 큰 기대를 걸어서는 안 된다. 이곳 또한 오래된 책이 많고, 손때 묻어 낡은 책이 대부분이다. 신간은 거의 없지만, 그래도 이 정도의 책이 어디랴. 어른들 책도 있고 아이들 책도 빌려 볼 만한 것들이 눈에 띈다. 물론 만족스럽지는 않다. 하지만 이곳은 미국이니 더 큰 욕심을 내서는 안 된다.

한글로 쓰인 책이 있다는 것만으로도 감사하기로 했다. 이곳에서는 질 좋은 책보다 양으로 승부를 거는 것에 초점을 맞췄다.

알라딘 중고서점

세 번째는 한인 타운 내에 자리한 알라딘 중고서점이다. 이곳은 한국에서도 애용하던 곳이었다. 미국 LA에 한국 서점이 몇 개 있을 텐데 혹시 알라딘도 지점이 있지 않을까 막연히 생각했었다. 역시 있었다. 이곳에서 읽고 싶은 한국 책을 주문해 보고 있다. 중고 책을 득템하는 재미로 한인 타운에 가면 한 번씩 들른다. 물론 한국에서 베스트셀러인 책과 신간들도 함께 판매하고 있어 따끈한 책들도 바로 구입할 수 있다.

우리 가족은 주로 '피오피코 미국 공립 도서관'을 이용했다. 대단한 장서를 갖춘 것은 아니지만 아이가 책을 즐기기에는 충분했다. 한 번에 20권씩을 부지런히 빌려다 놓고 갖다 주기를 반복했다. 또 한국문화원에 있는 책도 읽히기 위해 부지런하게 다녔다. 대출이 5권밖에 되지 않는데 16권을 빌리느라 몇 번이나 오고 갔는지 모른다. 그나마도 1회독에 그치지 않고 수차례 반복하는 바람에 차라리 한 세트를 사 줄 걸 생각하기도 했다.

한 달에 1~2번 정도는 알라딘 서점에 가서 책을 읽고 한두 권을 사 왔다. 하지만 미국에서 한글 책을 구매하려면 보통 배송비가 붙어 1.5배 정도의 가격이 된다. 환율까지 더해지면 만 원짜리 책은 2만 원 정도가 된다. 중고 책은 새 책만큼은 아니었으나 여전히 한국과 비교해 비싼 감이 있었다. 타향살이하며 한 푼이 아까운 상황에서 비싼 책값을 대기란 쉽지 않은 일이었지만, 중고 책을 최대한 이용했다.

미국에서의 생활은 간소한 편이었고, 일시적인 거주였기 때문에 짐을 늘리지 않으려 했으나 책만큼은 양보하고 싶지 않았다. 집에 아이가 읽을 만한 흥미로운 책이 많아야 아이는 책을 보려고 할 것이라는 게 평소 생각이었다. 오다가다 보는 책 제목, 그림만으로도 아이들에게 교육적 효과가 있을 것을 기대하며 거실이고 방이고 책을 펼쳐 놓았다. 그렇게 아이들에게 작지만 의미 있는 행동들을 습관으로 이끌어 주고자 했던 노력이 헛되지 않았음을 최근에 와서 느낀다. 바쁜 미국 생활 속에서도 아이들은 책을 많이 읽었고, 점점 좋아하게 되었다. 아이들도 어른들도 손에서 책을 놓지 않고 꾸준히 읽을 수 있는 환경에 감사하다.

22

픽처 데이

친정 식구들은 지난 1988년부터 지금까지 매년 부모님의 결혼 기념일에 가족사진을 찍는다. 온 집안은 가족사진으로 도배가 되어있어 보는 사람마다 놀라고는 한다. 그 영향을 받아서인지 나는 사진 찍는 걸 좋아하는 편이다. 큰아이의 백일 사진도 증명사진으로 남겼고, 여권 사진을 돌 즈음에 찍고, 어린이집 입학 할 때 필요한 서류에 증명사진이 필요해서 또 찍고 하다 보니 아이들의 증명사진이 연도별로 모였다. 마침 사촌 언니가 매년 아이들의 증명사진을 찍어준다는 얘기를 듣고, 좋은 아이디어라는 생각이 들어서 그 후로 나도 아이들 생일 때마다 증명사진을 찍어주기 시작했다.

그런데 미국에 와보니 학교에 증명사진을 찍는 날이 따로 있었다. 여기서는 이날을 픽처 데이Picture Day라고 한다. 학기 초에 반 친구들과 단체 사진도 함께 찍는다. 한해를 기념하는 사진을 학년 말이 아니고 학기 초에 찍는 다는 것이 낯설었으나, 한편으로는 앞으로 1년간 함께 지낼 반 친구들의 얼굴과 이름을 사진을 보며 얘기하고 기억하기 좋아서 실용적이라는 생각이 들었다. 그러고 보니 'School Year'라고 12년 동안의 증명사진을 넣을 수 있는 액자도 판매한다.

픽처 데이 당일 날. 나는 단순히 증명사진이니 한국에서 그랬던 것처럼 깔끔하게 입히면 될 거라고 생각했다. 두 아이 모두 흰 깃이 나온 티셔츠에 바지는 검정색인 스쿨룩으로 입혀 보냈는데. 아뿔싸 알고 보니 같은 반의 여자아이들은 단 2명을 제외하고 모두 드레스를 입었다고 한다. 여자아이들의 머리는 대부분 드라이를 했는지 구불구불했고, 화려한 헤어핀과 구두까지 한 세트로 맞춰 입고 온 듯 엄청 신경 쓴 티가 났다. 반면 나는 단체 사진에 전신이 다 나온다는 것조차 간과했다.

실제 사진을 보니 가슴이 미어졌다. 우리 아이는 키가 작아 맨 앞에 섰는데, 흰 티에 검정 바지를 입은 아이의 모습이 마치 남자아이 차림새 같아 보였다. 그 옆에는 미국 아이 루시가 화려함을 뽐내며 서 있었다. 머리부터 발끝까지 정말 사소한 것 하나하나 신경을 쓴 모습이어서 더욱 대조되었다. 비교는 불행의 시작이라지만 속상한 건 어쩔 수 없었다. 유학 오기 전 참고했던 책에서도 아이들이 학교에 예쁘게 드레스를 입고 간다는 얘기가 나왔는데, 왜 기억을 못 했는지. 나의 무지함으로 아이가 속상했을 것 같은 생각에 미안한 마음이 들었다.

아이에게 물었다. "오늘 여자애들 다 드레스 입고 왔는데, 바지 입고 가서 속상하지 않았어?" 그러자 아이가 대답한다. "아니, 괜찮아. 난 바지 입어도 예쁘니까." 그리고 헤하고 웃는다. 문득 영화 『해리 포터』의 여주인공 헤르미온느가 했던 인터뷰가 생각났다. "I'm worth it(난 그럴 가치가 있어)"이라고 당당하게 얘기했던 그 영상과 딸의 얼굴이 교차됐다. 나는 딸에게 고맙다고 말하고 속으로 좀 더 신경 쓰는 엄마가 되겠다고 다짐했다.

마음을 가라앉히고 사진을 다시 보니 까맣게 탄 아이의 얼굴과 이국적인 사진의 정취가 색다르다. 다른 외국 아이들과 나란히 서 있는 모습을 보니 정말 미국에서 생활하고 있다는 기분이 들었다.

23

지역사회 연계 프로그램 (아트존&커피타임)

어느 날 학교에서 안내문이 왔다. 학교 근처에 '아트존'이라는 미술 센터에서 하는 행사 안내와 참석 여부를 묻는 내용이었다. 나는 당시 아이들이 미국 초등학교에 한창 적응을 하던 때라 친구들과 어울릴 수 있는 기회를 많이 마련해 주고 싶었고, 대부분의 행사에 참석하려고 애쓰고 있었다. 당연히 참석에 체크했다.

이 행사는 둘째가 속한 K학년에서만 열리는 행사였다. 일하는 부모들도 함께할 수 있도록 6시경에 시작해 8시가 넘어 끝났다. 행사 당일에 가 보니 아트존은 미술학원과 같은 분위기였다. 조금 더 정확히 이야기하면 체험을 할 수 있는 미술학원 정도로 볼 수 있을 것 같다. 아이들이 앞치마를 입고 미술용품들을 이용해 온몸으로 칠하고 만지며 놀다 갈 수 있는 공간이었다.

입장료를 보면 아이들은 공짜였고, 학부모들은 10불씩을 냈다. 저녁시간이라 피자와 핫도그가 한 쪽에 마련되어 있었다. 부모들은 삼삼오오 음식이 담긴 접시를 들고 서서 다른 부모들과 대화를 나누면서 먹었다. 아트존 측에서도 선생님들이 아이들의 활동을 열심히 지원했다. 결과적으로 보면 일석 삼조의 행사였다. 업체 홍보도 되고, 학부모들끼리도 서로 교류할 수 있는 장이 마련되어 좋고, 아이들은 친구들과 색다른 공간에서 놀게 되니 좋은 것이다.

이와 비슷한 성격의 행사는 자주 있었다. 최근에는 지역 담당 경찰관과 만날 수 있는 기회가 있었는데, 동네의 치안 관련 이슈에 대해 좀 더 잘 알아보자는 취지의 행사였다. 내가 사는 지역을 담당하고 있는 경찰관이 누구인지, 어떤 일을 하는 지 알 수 있는 만남의 장이었다. 학교 근처 커피숍에서 모닝커피를 마시며 티타임을 갖는 식이었다. 이 또한 지역의 가게에도 좋고, 경찰관도 주민들의 의견을 수렴하고 상호 소통할 수 있었다. 그 밖에도 학교 안에서 개최하는 핼러윈 행사나, 인터내셔널 데이International Day행사처럼 큰 잔치에는 동네 사람들에게도 열려 있어 모두 함께 참여할 수 있었다.

한번은 특이한 안내문도 받았다. 인근에 고등학교가 이전을 하면서 신축을 하는 데 와서 의견도 내고 함께 힘을 모아 좋은 방향으로 이끌자는 것이었다. 미래 우리 아이가 다니게 될지도 모르는 고등학교이므로 초등학교 학부모들의 의견도 함께 수렴하겠다는 안내문의 취지가 놀라웠다. 또한 밀접한 상관관계에 있지 않은 인근 지역 주민들의 참여도 독려하고 있었다.

디자인부터 여러 가지 세부적인 것들을 함께 논의하고 토론하고 지혜를 모으는 것이 이들의 의사결정 방식이었다. 고등학교 한 곳을 새로 지을 때에도 실질적인 소비자인 아이들과 학부모들의 의견을 묻는 것은 어쩌면 당연한 일일 것이다. 하지만 한발 더 나아가 미래의 학부모가 될 사람들과 그 학교와 인접해 사는 지역 주민들의 의견을 묻고 반영한다는 것은 참 신선하게 느껴졌다.

그 밖에도 지역사회와 연계된 프로그램, 행사들이 많았다. 나 역시 참여해 보고 싶은 행사가 많았으나 영어가 유창하지 않아 더 많은 용기를 내지는 못했다. 아이들 학교 행사의 수만도 만만치 않았고 관련해서도 챙길 것이 많았기에 거의 참석하지 못했다. 하지만 크고 작은 행사가 있을 때마다 미국사람들의 자유로운 소통방식과 상생의 문화가 부럽고 좋은 문화라는 생각이 들었다.

24

비영어권 아이들의 영어 수업

솔직히 밝히자면 아이들은 영어를 거의 말하지 못하는 상태로 미국에 왔다. 누군가는 내게 너무 무모한 것이 아니냐고 할지도 모르지만, 나는 내심 믿는 구석이 있었다. 아이들이 어렸을 때부터 하루 3시간 이상, 영어로 된 동요와 이야기를 CD플레이어로 들을 수 있게 했다. 영어 책도 꾸준히 읽어 줬다. 리틀팍스 같은 애니메이션이나 영어 DVD 등의 시각 자료를 통해 보다 자연스럽게 영어에 노출될 수 있도록 했다. 영어에 대한 거부감을 최소화하도록 많은 신경을 쓴 셈이다. 미국에 오기 직전에는 사이트 워드를 암기를 위해 주방 벽면 한쪽을 포스트잇으로 도배를 하기도 했다.

아이들의 학습에서 내가 가장 신경 썼던 부분은 한글 책 읽기였다. 영어 공부에 대해 이야기하다가 갑자기 한글 책이라니? 하고 황당하게 들릴지 모르겠지만 나는 책 읽기의 수준이 중요하다고 생각했다. 독서 수준이 높다는 것은 아이의 사고력을 담당하는 그릇의 크기가 크다는 것을 뜻한다. 때문에 기존에 독서 습관이 잘 잡혀 있다면 영어 책을 읽는 것도 금방 따라갈 수 있을 거라는 믿음을 가지고 있었다.

먼저 경험한 엄마들은 아이가 생각보다 훨씬 금방 영어를 배우기 때문에 크게 걱정하지 않아도 된다고 이야기했다. 물론 걱정 말라는 말만큼이나 영어 유치원을 보내야 한다는 조언도 많았다. 하지만 나는 소신대로 엄마표 영어 공부를 하기로 했다.

그 결과 미국에 도착해서 아이들을 영어 유치원에 보내지 않았던 것을 잠깐 후회한 적도 있다. 그래도 그 후회는 오래가지 않았다. 마음을 다잡은 나는 아이들을 믿고 시간이 모든 것을 해결해 주기를 기다릴 뿐이었다.

미국 초등학교를 다닌 지 한 달이 지났을 무렵 학교에서 아이들이 시험을 봤다. 우리가 머물고 있는 LA는 미국 서부 중에서도 온난한 기후를 가진 캘리포니아의 대도시였기 때문에 다양한 비영어권 학생들이 함께 수업을 듣고 있었다. 게다가 아이들이 다니는 초등학교는 전 세계에서 미국의 UCLA로 공부를 하기 위해 온 석·박사 가정의 자녀들이 많았다, 약 25개국 이상의 다양한 나라의 아이들이 학교에 모여 있었다. 때문에 학기 초 영어가 모국어가 아닌 아이들을 대상으로 시험을 보는 것이었다. 아이들의 실력을 파악하고 도움을 주기 위해 학교 차원에서 필수적으로 시행하는 시험이었다.

좋은 점수를 기대한 건 아니었지만 결과는 참담했다. 첫째와 둘째 모두 가장 낮은 점수를 받은 것이다. 나름 아이들의 영어를 위해 많은 시간과 에너지를 쓴 것 같은데 엄마표 영어는 결국 무용지물이었나? 라는 생각이 들 정도로 충격이었다. 가장 낮은 점수의 숫자 1이 가득한 결과지는 무척 당혹스럽고 부끄러웠다.

그래도 한 줄기 희망은 있었다. 읽기, 쓰기, 말하기는 비기닝Beginning(시작) 단계였지만 듣기는 인터미딧Intermediate(중간)이었던 것이다. 언어에 대한 학습이 듣기-말하기-읽기-쓰기의 순서로 진행된다는 걸 생각해보면, 내가 한국에서 아이들에게 꾸준히 인풋했던 것은 '듣기'였다는 것을 알 수 있었다. 앞으로 말하기를 보완하면 되겠다는 긍정적인 생각을 갖기로 하고 나도 좀 더 열심히 해야겠다는 다짐을 했다.

이후 아이들이 특별한 수업을 받는 것에 동의하냐는 가정통신문이 왔다. 통신문의 내용을 보고 궁금한 점이 있어 선생님에게 자세한 내용을 물어보기로 했다. "선생님, 특별 수업은 이런 아이들만 따로 모여서 수업을 받는 건가요?" "아닙니다. 수업 시간 내에 합니다. 시험 점수가 낮은 아이들에게 좀 더 워크지work paper를 풀게 하고, 책을 더 읽게 하면서 보완을 해주려는 것이니까 아이들에게는 오히려 더 좋을 거예요. 걱정하지 마세요." 이런 선생님의 설명에 나는 한결 안심이 되었다. 통신문을 받아보았을 땐, 정규 수업을 벗어나 영어를 못하는 아이들만 모여서 수업을 받는 것인 줄 알았다. 그랬을 때 아이가 주눅이 들거나 스스로 부족한 아이라고 생각할까 봐 염려됐는데 교실 내에서 조금 더 관리하는 차원의 수업이라니 다행이었다.

가정통신문에 사인을 하고 아이 편에 돌려보내는데 나도 모르게 긴 한숨이 흘러나왔다. 낯선 환경에서 모든 것을 스스로 적응해야 하는 아이의 부담이 얼마나 클지 상상이 됐기 때문이었다. 겨우 들리는 몇 마디 말로 눈치껏 행동해야 하는 아이들을 생각하자 마음이 먹먹해지고 눈물이 났다. 미국에서의 생활은 정말 아이와 부모 모두가 매일 한 뼘 더 성장하는 시간인 것 같다. 좀 더 응원하고 지지해 주는 엄마가 되어야겠다고 다짐했다.

생일파티

첫째가 베스트프렌드인 애나의 생일파티에 초대를 받았다. 장소는 집에서 30분 정도 떨어진 곳이었는데 키즈 카페와 비슷한 장소였다. 파티룸이 따로 마련되어 있었는데 장식이 아주 멋졌다. 장소를 대여할 때 사람 수에 맞게 주문을 해 놓으면 당일에 먹을 수 있게 음식도 서빙해 주었는데 아주 맛있었다.

집에서 생일파티를 하면 아이들만 데려다주고 부모들은 가는 것이 일반적이지만, 애나의 생일파티는 집이 아니라 외부의 장소에서 열린 것이라 부모들도 남아서 시간을 보냈다. 부모들끼리 대화를 나눌 수 있어 좋았다. 또한 이곳에서는 초대된 친구들에게 10불어치의 게임을 할 수 있는 카드가 제공돼서 아이들은 내부에 있는 게임과 체험 활동을 해 볼 수 있었다. 우리나라의 키즈 카페와 비슷했는데 규모가 훨씬 컸다. 야외에 18홀의 미니골프코스와 카트라이더를 탈 수 있는 곳까지 있었으니 말이다.

미국에 있는 동안 몇 번의 생일 파티를 경험할 수 있었다. 학기 초에 부모들은 이메일을 공유할 수 있는 사이트에 가입하기 때문에 이메일로 초대장을 보낸다. 선생님의 당부 말씀이 있기 때문에 가급적 생일 초대 이메일은 반 아이들 모두에게 돌리도록 한다. 하지만 소규모 파티를 할 때는 친한 친구 한두 명만 불러서 하기도 한다. 그리고 집이나 식당 같은 곳을 빌려서 하는 것은 한국과 비슷하지만 미국은 나름의 절차가 있다.

대략 다음과 같은 순서를 따른다.

1. 생일 초대장을 이메일로 받으면 참석 여부를 답장으로 알려준다(학기 초에 부모들의 이메일을 모두 공유할 수 있는 사이트에 가입해야 한다).
2. 날짜와 시간에 맞춰 파티에 참석한다(생일 선물과 카드를 준비해 간다).
3. 파티 장소에 도착해서 파티 호스트인 아이의 부모에게 아이를 맡기면, 와 줘서 고맙다는 인사와 함께 아이를 데리러 올 시간을 안내해 준다(보통 3시간 후).
4. 정해진 시간에 맞춰 아이를 데리러 간다.

미국은 워낙 국토 면적이 넓어서 아이는 어디를 가든 부모와 함께 이동해야 한다. 공공시설을 방문하거나, 친구들과 어울려 놀 때에도 마찬가지이기 때문에 이런 문화가 있는 듯하다.

첫째의 친구 애나의 생일파티를 시작으로 같은 반 아이들의 생일파티가 줄줄이 이어졌다. 그러다 보면 날짜가 겹칠 때도 있는데, 이때에는 일정을 봐가며 친구들의 생일파티에 참석하면 된다. 아이들이 한데 모여 두세 시간 놀기 위해 엄마들이 나서야 하니 번거로운 것 같지만 생일파티와 플레이 데이트는 거의 대부분 이런 식으로 진행한다. 아이가 소중한 추억을 쌓을 수 있고, 친구와 좋은 관계를 이어 나갈 수 있도록 돕는다고 생각했다. 또한 친구와 함께 노는 것이 최고의 영어 공부이기에 두루 좋은 경험인 것 같다.

26

미국에서 아이들 병원 가기

어느 날 아이들과 치과에 다녀왔다. 아이들 성장기에 치과 방문은 어쩔 수 없는 일이지만, 보험 적용이 되지 않는 병원비를 생각하니 발걸음이 무거웠다. 아마 단기 유학을 준비하는 다른 어머니들도 미국의 치료비 폭탄에 대한 두려움을 가지고 있을 것이다. 정말 많은 분이 염려하는데, 한 가지 당부의 말씀을 드리고 싶다. '부디 미국에서 치과 진료를 받지 않기 위해 한국에서 치료를 다 하겠다고 무리를 하지 않았으면 좋겠다'는 말이다. 왜냐하면 내가 그렇게 욕심을 부린 케이스였기 때문이다. 아래, 큰아이의 치아 때문에 마음 고생했던 이야기를 짤막하게 소개한다.

미국에 가기 몇 달 전 큰아이의 충치를 치료하러 치과에 갔다. 이때 치과 선생님에게 한 가지 권유를 받았다. 선생님은 옆에 살짝 흔들거리는 이가 있어 제대로 치료를 할 수 없으니 흔들리는 이를 좀 일찍 발치하면 어떻겠냐고 했다. 어차피 흔들리는 거 큰 상관이 있겠나 싶었고, 미국 가서 치료하려면 큰 비용이 들 것 같아 걱정되는 마음에 그렇게 하기로 결정했다.

하지만 아이의 발육은 그 누구도 예측할 수 없는 것이었다. 예상과 달리 영구치가 1년이 넘도록 나지 않았다. X-ray 사진 상으로 볼 때 치아가 모두 제자리에 잘 있었는데도 말이다. 결국 앞니는 빈 공간으로 이동을 했고, 앞니의 치열이 삐뚤빼뚤해지는 사태가 발생했다. 원래 첫째 아이의 입이 작고 입속 공간이 턱없이 부족해 교정이 필요한 건 사실이었지만, 무리한 치료로 공간을 만든 것이 화근이 된 것 같아 후회됐다.

현실적으로 미국에서의 치과 치료비용에 대한 부담은 꽤 크다. 전체적으로 한 번 봐주는 정도check up만 해도 80불, 우리 돈으로 약 10만 원이라는 비용이 든다. 충치치료, 신경치료, 레진, 크라운 등을 하게 되면 상상 초월의 비용이 발생한다. 일례로 둘째는 한국에서 오기 전 들렀던 치과에서 큰 치료가 없었는데, 미국에 와서 결국 일이 터졌다. 약 2,000불에 가까운 돈이 드는 대대적인 치료가 필요한 상황이 벌어진 것이다. 한국의 치료비와 비교했을 때 약 2배 정도 비쌌다. 유학생 보험에서 몇 가지 항목을 청구할 수 있었기에 그나마 다행이었다.

미국의 병원에 가 보면 우선 보험이 있는지부터 확인을 한다. 유학생 보험이 따로 있으니 치료비용을 먼저 지급하겠다고 하고 접수를 하면 된다. 보험 처리의 과정은, 먼저 병원에 계산하고 진료 소견서Doctor's note와 영수증 챙겨서 한국의 보험사에 청구하면 모두 입금이 된다.

LA에서 병원을 가게 된다면 따로 찾을 필요 없이 한인 타운의 병원으로 가면 된다. 각종 병원이 많아서 본인과 맞는 곳으로 다니면 된다. 내가 다니던 치과와 상담을 받으러 갔던 교정치과(일반 치과와 교정치과가 분리되어 있다) 모두 한인 타운에 있었다. 병원 안의 풍경은 한국과 약간 다르다. 소아과의 경우 아이들은 침대에 앉거나 누운 자세로 진료를 받는다. 미국은 카드나 편지를 주고받는 문화가 흔해서 그런지 진료실 안에는 감사 편지와 크리스마스카드, 각종 사진들이 가득하다. 처방전은 종이로 프린트해 주지 않고 바로 편의점CVS이나 식품·잡화·약품을 취급하는 드럭스토어(Rite Aid 등)로 전송한다.

나는 한인 타운이나, UCLA 가족 기숙사 바로 옆에 있는 UCLA Health라는 이름의 소아과에 다녔다. 친절한 한인 선생님이 있어서 다른 분들도 많이 이용하는 것 같았다. 몇 번 소아과에 가 보니 그냥 푹 쉬고, 잠을 많이 자라고 하시며 약도 잘 주지 않아 웬만하면 가지 않는데 어느 날에는 두 아이 모두 열이 난 적이 있었다. 큰아이는 열꽃까지 펴서 얼른 병원에 갔다. 면봉 같은 걸로 목에 문질러 간단한 시약 검사를 하고 귀와 코 그리고 입안을 들여다봤다. 둘 다 인후염이라고 했다. 진료를 마치고 계산을 하려는데, 내가 잘못 봤나 싶은 금액이 적혀 있었다. 눈을 부릅뜨고 다시 봤지만 잘못 본 게 아니었다. 455불, 우리 돈으로 50만 원 정도였다. 약국에서는 약 값으로 7만 원이 나왔다. 아이들의 열 감기 한 번으로 약 57만 원의 진료비와 약값을 내고 보니 미국에서의 의료비가 얼마나 무서운지 실감이 났다. 더불어 우리나라의 건강보험이 얼마나 고맙고 좋은 것인지 새삼 느끼게 되었다.

이때 쓴 비용은 나중에 국내에서 가입한 유학생 보험사에 청구했다. 보험 설계사가 주는 보험금 청구서를 출력하여 작성한 후 스캔해서 이메일로 보내면 된다.

보험금 청구 시 필요 서류

- 보험금 청구서
- 진료 소견서Doctor's note
- 계산한 영수증

위의 서류를 이메일로 보내면 한국계좌나 미국계좌 둘 중에 하나로 보험금을 받을 수 있다. 참고로 미국으로 받으면 수수료가 발생하므로 한국계좌로 받는 것이 편하다. 병원에 다녀온 시점으로부터 2년 안에 청구하면 되는데 한국에 돌아가면 정리하느라 정신없이 바쁘고, 서류가 미진할 경우 보완할 방법도 없으므로 미국에서 모두 청구하고 가는 게 좋을 것 같다.

상황에 따라 다르겠지만, 비용이 적지 않으니 그때그때 청구해 보는 것도 좋을 것 같다. 모아 두었다가 한꺼번에 청구하려면 서류철을 하나 만들어 그곳에 잘 모아 두고 병원에 다녀오자마자 포스트잇에 간단한 메모를 곁들여야 나중에 헷갈리지 않게 된다. 어디가 아파서 어떻게 갔는지 어떤 진료를 했는지 등등을 기록해 두면 좋다. 미국 선생님과 아이의 상태에 관해 얘기해야 하므로 간단한 단어들은 인터넷에서 찾아가면 금방 의사소통은 된다. 대개 어디가 아픈지, 열이나 증상이 언제부터 났는지, 감기 시럽이나 타이레놀 등 집에서 비상약을 먹은 시기는 언제인지, 약에 대한 알레르기가 있는지 등에 대해 질문했다.

참고로 나는 한국에서 약을 이것저것 챙겨왔지만 실제로 그 약을 먹인 적은 없었다. 약국에서 파는 시럽을 먹거나 그냥 병원에 갔다. 그러니 약을 너무 많이 챙길 필요는 없을 것 같다. 무엇보다 소아과 병원비는 보험으로 거의 모두 커버가 되니까 부담 갖지 않아도 된다. 엄마들은 아이들이 타지에서 어디 아프지는 않을지 걱정이 크다. 하지만 이곳도 다 사람 사는 곳이고, 병원 다니는 일이 그리 어렵지 않으니 너무 크게 걱정하지는 않아도 된다.

아이들이 아파서 학교 수업을 빠져야 할 경우에는 일단 담임 선생님에게 이메일로 말씀드리면 된다. 두 아이가 인후염으로 아팠을 때를 생각해보면, 의사 선생님으로부터 며칠 쉬어야 한다는 내용이 적힌 종이를 받아서 가지고 있다가 나중에 학교에 출석할 때 가져가서 제출하면 결석처리가 되지 않는다.

생각해 보면 유학 생활은 마냥 즐거운 일만 있는 것은 아니었다. 그에 상응하는 많은 일들이 있다. 감당하고, 감수해야 할 일들도 많다. 침착하게 대처하고 긍정적으로 받아들이며 하나하나 해결하다 보면 훗날 모두 좋았다고 추억할 수 있을 것이라 믿는다.

27

아빠의 책 읽어 주기 봉사

어젯밤에 남편은 아이를 앞에 앉혀 놓고 책 읽는 연습을 세 번이나 했다. 저녁 식탁은 내일 오전에 있을 아빠의 책 읽어 주기 봉사로 떠들썩했다. 질문 타임에는 아이 이름을 불러야 할 테니 아이들 이름도 열심히 외웠다. 마침 픽처 데이 때 찍은 단체 사진이 있어서 매치하면서 외워 보는데, 자꾸 틀리는 아빠 때문에 아이들이 깔깔대고 난리가 났다.

책 읽어 주기는 아침 8시 15분부터 30분까지 약 15분간 진행되고, 질문받는 시간도 갖는다. 저번에 앨리스의 아빠 차례였을 때 앨리스의 엄마도 함께 와서 뒤에 앉아 있었다는 얘기를 듣고 나도 아침부터 부지런히 따라나섰다.

남편의 책 읽어 주기가 끝나자 아이들은 손을 들고 질문이나 자기 생각을 말하기 시작했다. 그때마다 남편이 아이의 이름을 정확히 부르자 아이들은 깜짝 놀란 표정이었다.

"OK, Nii가 말해 볼까?"

"어, 내 이름을 어떻게 알아요?"

남편은 아이들 반응이 좋았는지 다음에는 더 많은 친구의 이름을 외워가겠노라 다짐했다. 우리 둘 다 뿌듯해하며 학교를 나섰다. 책 읽어 주기가 끝나고 나온 시간은 8시 30분. 한국에서였다면 상상도 할 수 없는 일이다.

아침에 회사에 가서 아이 학교에 가서 책 읽어 주느라 30분 늦었다고 하면 과연 받아들여질까? 현실적으로 어려운 우리네 사정이 안타까웠다. 아이들이 아빠가 학교에 오는 것을 이렇게나 좋아하는데 말이다.

사실 꼭 아빠가 해야 하는 봉사는 아니었다. 하지만 대부분 아빠가 참여하는 봉사인 점이 특이했다. 거의 모든 아빠가 이른 시간에 아이의 반에 책을 읽어 주러 온다. 우리나라에서는 대단한 아빠라는 말이 나올 만한 일이지만 여기서는 모두가 거리낌 없이 그렇게 한다.

이번 책 읽어 주기 봉사를 통해 아이가 아빠의 존재를 더욱 친밀하게 생각하게 된 것 같았다. 걱정했던 것보다 더 능수능란하게 아이들과의 시간을 보낸 남편의 모습에 놀랍고 자랑스럽기도 했다. 꼭 한 번 다시 참여하면 좋을 봉사였다.

아빠가 읽어 주는 책 이야기에 즐거워하는 아이들

책 읽어 주기 봉사는 학년이 끝나는 내년 여름까지 이어진다. 돌아가면서 가능한 날짜에만 하는 것이니 학부모들도 큰 부담 없이 진행하는 것 같다. 선생님이 매달 달력을 프린트해서 교실 문 밖에 붙여 놓으면 학부모가 가능한 날짜를 써 두고, 자녀가 좋아하는 책을 한 권 가져가 읽어 주면 된다.

『하루 10분 책 육아』라는 책에서는 아이가 태어난 다음 날부터 바로, 매일, 하루에 10분 만이라도 책 읽어 주기를 권한다. 단순히 인지능력 향상만을 위한 것이 아니라 아이를 품에 안고 부모의 목소리를 들려주며 교감을 나누는 시간이 되기 때문에 정서 지능 면에서도 아주 좋다고 말한다. 특히 책을 읽으며 대화를 나누는 것이 무엇보다 중요하다고 한다. 아이들은 대화를 통해 생각하고 질문을 하게 된다. 이것이 아이들의 상상력을 자극하고, 대화 능력, 어휘 능력을 길러 주며 전체적인 언어 이해력에 큰 도움이 된다는 것이다.

아이들이 다니는 초등학교에서는 매일 아침 아이들에게 책을 읽어 주었다. 학부모 자원 봉사자들이 하루 10~15분간 책을 읽어 주는데, 짧은 그 10분이 모이고 쌓여 큰 거름이 되리라 믿는다. 나는 독서를 만병통치약이라고 생각한다. 많은 부모가 이 멋진 마법의 약을 아이들에게 꼭 먹일 수 있기를 바란다.

이렇게 미국 초등학교는 학부모의 참여가 활발하다. 앞서 이야기한 책 읽어 주기 봉사뿐만 아니라 커리어 데이Career Day라는 행사도 있다. 이름하야 직업 소개의 날. 이 역시 학부모들의 자원 봉사로 진행된다. 남편은 바쁘기도 하고 아직 이곳의 문화에 서투를 때라 섣불리 나서지 않기로 했었다. 커리어 데이 당일 아이는 학교에 다녀오자마자 "엄마, 오늘 엄청 재미있었어!" 하며 얘기를 쏟아 냈다.

부모님 여럿이 아이들에게 자신의 직업을 설명하러 왔는데 두 분은 의사고, 한 분은 방송국의 촬영기사 분이었다. 아이는 미국에 와서 천식을 진단받고 3주간 천식용 호흡기인 네블라이저Nebuilzer로 천식 약을 들이마시는 시간을 보낸 적이 있다. 기침이 워낙 심해서 학교를 일주일간 쉬기도 했었다.

아이를 고생시킨 그 병의 정확한 이름은 '아즈마Asthma'. 아이는 의사 선생님을 보고 아즈마가 떠올라서 그에 대해 질문을 했다고 한다.

"엄마, 내가 데릭 엄마한테 아즈마가 뭔지 아냐고 물었어. 그랬더니 아즈마에 대해서 말해 줬는데, 그냥 푹 쉬어야 된대. 그래서 오늘은 숙제 안 할래! 히히."

아이는 장난스럽게 웃다가 또 다른 일화를 얘기했다.

"제인 아빠는 NBC 방송국에서 일한대. 학교 앞에 엄청 큰 트럭이 왔어. 그 안에 보니까 텔레비전도 있고 뭐가 많더라."

"와, 그럼 줄 서서 다들 그 트럭 안에 들어가 본거야?"

"아니, 밖에서만 구경했어. 제인 아빠도 회사에 가야 해서 시간이 없었어. 그래도 우리한테 연필 하나씩 줬어. 기념품으로!"

아이가 NBC 로고가 박힌 연필을 흔들어 보여 줬다. 그날 아이는 NBC를 틀어 달라고 해서 로고가 나올 때마다 "오, 저거야 저거!" 하며 트럭에 대문짝만 하게 그려져 있는 무지개 색깔 모양의 로고를 가리키며 반가워했다.

이럴 때면 직접 경험하고 온몸으로 흡수하는 것이 얼마나 효과가 좋은지 알 수 있다. 누군가 '아이의 하루는 어른의 1년과 같다'라고 한 말이 생각난다. 하나라도 더 보고 경험하게 해 주는 것이 중요하다는 걸 다시금 느꼈다.

28

미국의 공공 도서관

저녁을 먹고 도서관으로 향하는 길, 도서관이 보이기 시작할 때즈음 일부러 호들갑을 떨었다.

"우와! 도서관 정말 멋지다. 이렇게 보기만 해도 책이 막 읽고 싶어져. 조명도 은은하고 정말 근사해. 얼른 가서 책 빌려 오고 싶다."

아이들에게 도서관, 책이 있는 곳은 멋지고 즐거운 장소라는 인식이 생겼으면 하는 마음 반, 진심으로 그렇게 생각하는 마음 반이었다. 우리 가족이 자주 이용한 산타모니카 도서관은 통유리로 되어 있어 밤이 되면 더욱 멋졌다. 환하게 빛나는 조명 아래 책이 가득 찬 자료실이 바깥에 지나가는 사람들의 눈길을 붙잡았다. 참

아름다웠다.

아동열람실도 갈 때마다 설레는 곳이었다. 파라다이스로 향하는 길인 듯 복도부터 아주 예쁘게 꾸며 놓았다. 그래서 아이들도 도서관에 가자고 하면 신나게 따라나섰다. 미국 도서관은 아동열람실도 밤 9시까지 운영했다. 그래서 저녁을 먹은 후에도 들를 수 있었다. 더운 여름날 저녁 식사를 마치고 도서관으로 슬슬 마실을 나가 책 한두 권이라도 보고 돌아오면 즐거운 산책 겸 독서 시간이 되어 가족 모두가 좋아했다.

또한 책뿐만이 아니라 잡지, DVD, 음악 CD, 오디오북 등 도서관에 있는 것은 모두 다 빌릴 수 있었다. 대여권 수도 아주 넉넉했다. 50권을 4주 동안 빌려주고 2번이나 연장할 수 있었다. 길게는 석 달 동안이나 책을 볼 수 있는 것이다. 그야말로 대인배 도서관이었다. 도서관 나들이는 미국 생활에서 가장 큰 즐거움이었다.

책을 좋아하는 아이로 자라나기 위해서는 그러한 환경과 지속적인 동기 부여가 필요하다. 미국은 독서를 장려하는 문화가 학교뿐만이 아니라 다른 커뮤니티에서도 꾸준하다. 도서 관련 행사, 서점 등 눈 돌리면 책이 보이는 환경이 잘 조성돼 있다. 어디서든 도서관에 방문하고 책을 볼 수 있다.

도서관을 다닌 지 얼마 되지 않았을 때 헷갈리는 바람에 대여 한도를 한두 권 넘기는 실수를 한 적이 있었다. 그때 사서 선생님은 몰라서 그런 거니 괜찮다며 흔쾌히 대여해 주었다. 책 대여에 관대한 몇몇 사서들을 보며 책을 도서관 소유나 재산으로 보기보다는 누구든지 나누고 즐길 수 있는 것으로 여기는 마음이 느껴졌다.

도서관이 전문 사서 선생님들이 엄선한 책, 사회적 이슈과 트렌드를 살펴볼 수 있는 베스트셀러 등 좋은 책들이 가득한 보물 창고라면 초등학교 방과 후 교실 또한 빼놓을 수 없다. 특히 일주일에 한 번 1시간씩 책 읽어주는 선생님이 방문하는 미스터 해리Mr. Harry의 스토리 타임은 아이들이 가장 기다리는 시간이다.

얼마 전 아이들이 노는 모습을 보고 웃음이 나왔다.

"우리 심심한데, 무슨 놀이 할까?"

"호텔 놀이 할까?"

둘은 책상 위에 담요를 깔고 그 위에 화분 하나를 올렸다. 카운터를 꾸민 것이다. 그러고는 주문을 받고 컵에 음료수를 따라 주며 호텔 놀이를 했다. 한참 재미있게 놀다가 이제는 책꽂이에서 책을 꺼내 전시하듯이 늘어놓았다.

"도서관 놀이하자."

둘째가 카드를 내밀면 첫째가 바코드 찍는 시늉을 하며 "이날까지 반납하면 됩니다"하고 말했다. 당시에는 그저 귀엽게만 보였는데 생각해 보니 아이들이 그런 놀이를 한 이유가 있었다. 여행 다니며 호텔에 자주 가고 시간이 날 때마다 도서관에 들르니 자연스럽게 따라한 것이다.

'그래, 환경이 정말 중요하구나. 보고 듣는 것이 전부구나.'

부모가 어떻게 행동하고 말하는지, 무엇을 보여 주는지가 정말 중요하다는 걸 깨달았다.

산타모니카 도서관 아동열람실

29

노란 책 프로젝트 & 튜터링 수업

『세계 명문가의 독서 교육』에는 케네디의 어머니 로즈 여사에 대한 일화가 나온다. 그녀는 "자녀들을 유능한 인물로 키우려면 그 훈련을 어릴 때부터 시작해야 한다"고 말한다. 아이들이 어릴 적 그녀는 식사 시간에 늘 한 가지 질문을 던졌다고 한다. 모두 〈뉴욕 타임스〉에서 뽑은 것들이었고, 그녀의 질문을 두고 온 가족이 토론을 벌였다고 한다. 그러면서 아이들은 자연스럽게 자기 생각을 논리적으로 전개하는 법, 상대방의 말을 경청하는 법, 호소력 있게 말하는 법 등을 어린 시절부터 익힐 수 있었다.

아이들의 생각은 질문을 통해 자란다고 한다. 우리나라 사람들은 질문에 익숙하지 않다. 공개된 자리에서나 자신의 의견을 피력해야 할 때 질문거리가 아예 없는 경우도 많고, 부끄러움에 속으로 삼키고만 있는 경우도 많다.

미국에서는 책 읽고 질문하는 것이 학교 공부에서 상당한 비중을 차지한다. K학년이었던 둘째가 어느 날 읽기 능력 향상을 위한 수업을 진행한다는 안내문과 함께 일명 '노란 책'이라고 불리는 손바닥 크기의 작은 책을 받아 왔다. 이제 글 읽기에 도전하는 것이다.

총 56개의 책 안에는 난생처음 읽기를 하는 아이들을 위한 최다빈도 단어들, 사이트 워드Sight words로 구성되어 있다. 단계별로 책을 읽어 나가다 보면 결국 혼자서도 책을 읽을 수 있게 하는 것이 '노란 책 프로젝트'의 목표이다.

학교에서 노란 책을 전용 봉투에 넣어 집으로 보내면 집에서는 아이가 그 책을 완벽하게 읽을 수 있을 때까지 반복해서 읽어준다. 아이가 혼자서도 유창하게 읽을 수 있게 됐을 때 책을 봉투에 넣어 학교로 보내면 선생님이 아이와 함께 간단히 확인을 하고 그 다음 번호의 책을 보내준다.

노란 책은 한 줄짜리 글이 그림과 함께 5~6페이지쯤 적혀 있다. 맨 마지막 장에는 책의 내용을 확인하는 질문들이 있는데 처음엔 의아하고 우스웠다. 몇 장 되지도 않는 책에서 무슨 질문이 그리도 많은지. 하지만 담임 선생님은 그 질문들을 가벼이 여기지 말고 꼭 아이와 함께 묻고 답하는 시간을 가지라고 했다.

선생님의 당부대로 책을 다 읽고 난 후에는 아이에게 질문을 했다. 주로 책 내용을 제대로 이해했는지, 헷갈리는 단어들 사이에서 뜻을 제대로 파악하고 있는지 등을 점검할 수 있는 질문들이었다. 아이는 생각보다 내용을 잘 이해하고 있었다. 조금 까다로운 문제도 용케 답을 찾아냈다. 마흔 번째 노란 책을 완독했을 때 학기가 끝났다. 아쉬웠지만 노란 책 프로젝트를 통해 새로운 독서교육방식을 접했다.

아이가 한국으로 돌아가서도 영어 실력을 유지하길 바라는 마음으로 화상 튜터링을 했었다. 총 8회, 일주일에 1시간씩 2회를 했다. 선생님은 미국 사립학교에서 근무하다가 은퇴한 베테랑이었다. 지역이 멀어 스카이프Skype를 활용한 화상 수업으로 진행되었다.

교재는 스펙트럼으로 왼쪽은 리딩 페이지, 오른쪽은 문제 풀이로 구성돼 있었다. 하루에 두 페이지씩 랭귀지 아트Language Art 진도를 나갔다. 그리고 아이와 선생님이 함께 정한 책을 읽었다. 책에 관련한 질문을 선생님이 작성해 파일로 보내 놓으면 프린트해서 아이가 책을 읽고 숙제를 한다. 수업시간에 선생님과 문답시간을 갖고, 책에 나온 단어들을 정리한다. 이 수업을 통해 얻은 팁은 다음과 같다.

- 문제집 지문이 아니라 책 읽기가 기본적으로 바탕이 되어야 함을 여러 번 강조
- 픽션과 논픽션을 골고루 읽고, 어린이 영자 신문 읽기도 추천
- 낭독도 아주 큰 도움이 됨

리딩Reading을 아주 중요시하는 선생님 덕분에 미국 아이들의 독서교육이 어떻게 진행되는지 다시 한 번 확인할 수 있었다. 선생님은 정확히 읽는 것과 더불어 질문하고 답하기를 강조했다. 따로 만든 질문지를 수업 전에 전달하여 아이가 미리 질문을 생각하며 책을 읽을 수 있도록 했다. 덕분에 아이는 책을 꼼꼼히 정독하고, 책 속에 나온 단어들을 모두 짚고 넘어갈 수 있었다.

질문은 아이의 두뇌를 더욱 말랑말랑하게 만들어 준다. 끊임없이 새로운 생각을 하면서 자신이 알고 있는 지식을 일목요연하게 정리하는 능력도 키울 수 있다. 명확한 근거를 찾는 과정에서 논리적인 사고와 생각의 맥락을 연결하는 힘도 길러진다. '질문하며 읽기'라는 아주 중요한 독서교육 방식을 배우는 계기였다.

30

핼러윈 파티

1년 중에 아이들이 가장 좋아하는 연휴, 핼러윈이 다가오고 있다. 미국의 초등학교마다 다르겠지만 두 아이가 다니는 학교는 핼러윈 파티를 대대적으로 연다. 이것 역시 학부모들의 자원 봉사를 받아 운영된다. 한쪽에는 학부모회Booster Club에서 음식을 판매하며 총 10개가 넘는 게임 부스를 운영한다. 귀신의 집이나 커다란 스쿨버스 안을 3D 게임 부스로 꾸민 신비한 스쿨버스가 아이들에게 가장 인기다. 댄스 타임, 호박 꾸미기와 같은 다양한 행사도 있다. 아이들은 각양각색의 핼러윈 코스튬을 차려입고 신나게 게임에 참여하고, 사탕을 받으러 다닌다. 그 활기 넘치는 모습들을 카메라에 담기 바쁘다.

이러한 핼러윈 파티를 앞두고 둘째의 반 엄마들과 합심하여 함께 자원 봉사에 참여하기로 했다. 지원한 엄마들이 모두 도서관에 모였다. 진두지휘하는 미국 엄마가 운동장을 어떻게 꾸밀 것인지 시안을 만들어 와서 모두에게 나눠줬다. 전문가의 내공을 느낄 수 있었다. 종이 한 꾸러미 들고 있었는데 거기에는 물총 쏘기 게임 부스를 담당할 사람 둘, 기부받은 호박들을 모아서 곳곳에 데커레이션할 사람 셋, 룰렛 게임 부스 둘 등 이런 식으로 구체적인 내용이 적혀 있었고 지원자를 받았다. 간단히 설명을 듣고 해당 장소에 가서 부스를 설치하면 된다.

우리는 '포춘 텔러Fortune-teller' 코너를 맡기로 했다. 아이들이 천막 안에 들어가 종이를 뽑으면 집시 여인 에스메랄다 같은 사람이 오늘의 운세를 말해 주는 이벤트였다. 막상 부스를 꾸미려니 생각보다 어려웠다. 한 엄마가 작년 핼러윈 파티 때 봤던 기억을 되살려 열심히 만들었다. 핼러윈 파티장에서 반짝반짝 빛나는 부스를 보고 얼마나 뿌듯했는지 모른다.

저녁에 아이들이 호박 바구니를 들고 학교에 왔다. 먼저 게임 티켓을 사야 하는데 20장에 10달러였다. 두 녀석 손에 20장의 티켓을 쥐어 주었다. 첫째는 아빠와 2인 1조가 되어 게임을 하러 갔고 둘째는 엄마와 함께 돌아다녔다. 게임 부스에서는 아이들이 실패하거나 실수를 해도 사탕이나 작은 장난감을 서너 개씩 직접 고를 수 있도록 했다. 아이들은 열광했다. 각종 게임은 물론, 사탕과 초콜릿을 마음껏 먹으면서 다른 사람들의 멋진 코스튬을 구경하는 일은 정말 재밌었을 것이다.

그중에서도 담임 선생님의 평소와 다른 색다른 분장은 아이들에게 최고의 이슈였다. 이런 자리에서 주저하기보다는 적극적으로 분장과 코스튬을 해보는 것이 행사를 더욱 재미있게 즐기는 비결인 것 같다. 나는 거미 두 마리가 달린 머리띠를 했었는데 더 과감하지 못했던 것이 아쉽다. 언제 또 핼러윈 분장을 해보겠는가. 또 어디서 해보겠는가. 미국이라서 핼러윈이라서 가능한 일인데 말이다. 얌전빼지 말고 오즈의 마법사 도로시나 이상한 나라의 앨리스 분장을 했으면 두고두고 기억에 남았을 텐데. 한편으로는 그런 생각도 하며 시간 가는 줄 모르고 놀다가 밤 9시가 다 되어서야 집으로 향했다.

아주 대단한 행사였다. 초등학교에 다니는 아이들뿐 아니라 지역의 모든 사람이 와서 함께 어울렸다. 특히 귀신의 집과 원더랜드는 입이 떡 벌어질 만큼 잘 꾸며놔서 이걸 다 학부모들이 했나 의심스러울 정도였다. 이렇게 멋진 행사를 여는 학교에 아이들이 다닐 수 있다는 것에 감사한 마음이 일었다. 모든 초등학교가 이렇게 대대적인 핼러윈 파티를 하는 것은 아니라고 한다. 아이가 다닌 학교가 유독 이런 행사에 적극적이고 운영 시스템이 잘 구축되어 있었다. 거기에 학부모들의 참여가 없다면 결코 불가능한 일이었을 텐데 모두 즐거운 마음으로 참여했다. 운이 좋아 좋은 경험을 하게 됐다.

며칠 후에는 기숙사에서도 핼러윈 파티가 열렸다. 연극도 보고, 페이스페인팅을 하고 사진을 찍기도 했다. 대미는 역시 "Trick or Treat!" 집집마다 돌아다니며 사탕을 받는 일이었다. 집들이 모여 있으니 사탕 한 바구니는 금세 채워진다.

한 아이는 홀리데이 중에 핼러윈이 가장 좋다고 즐거운 목소리로 이야기했다. 아마 아이들에게 가장 재미있는 때가 아니었나 싶다. 하지만 엄마들은 여기저기 뛰어다니는 아이들이 혹시 넘어지지는 않는지 멀리가지는 않는지 챙기고, 아이가 가져온 사탕 바구니를 비워 주느라 이미 사탕으로 가득 찬 무거운 가방을 들고 따라다녀야 했다. 그래도 아이가 즐거워하는 모습을 보면 웃음이 나왔다. 미국은 아이들이 대접받는 나라, 아이들의 행복을 위하는 나라라는 걸 실감했다.

31

플레이 데이트

아이들이 만날 날짜를 정해서 학교가 끝난 뒤 함께 놀도록 하는 것을 '플레이 데이트Play date'라고 한다. 어제 저녁에 루시 엄마에게서 문자가 왔다. 루시는 기숙사 아파트에 사는 같은 반 미국인 친구이다. 지난번에 수영장에서 만났을 때 연락처를 교환했었는데 괜찮으면 내일 하교 후에 루시 집에서 아이들을 놀게 해도 되겠냐는 것이었다.

아이에게 이보다 더 좋은 시간이 어디 있을까? 한창 친구가 고플 나이인데, 말이 잘 통하지 않아 실컷 발산하지도 못하고 있는 큰아이에게 좋을 것 같았다. 무조건 좋다고 오케이한 뒤에, 어떻게 하면 되느냐고 물었다. 루시 엄마가 하교 길에 아이들을 픽업

해서 데려가고 나는 약 2시간 후에 데리러 오면 좋겠다고 했다.

플레이 데이트Playdate 절차는 이렇다.

1. 등하교할 때에 엄마를 직접 만나거나 아이에게 친구의 엄마 전화 번호를 물어 받아 오면 문자로 플레이 데이트가 가능한지 묻는다.
2. 학교가 끝나면 먼저 놀자고 한 엄마가 본인 아이와 아이의 친구를 데리고 자기 집으로 향한다. 따라서 아이를 데리러 학교에 갈 필요가 없다.
3. 보통 2시간 정도 논다. 몇 시까지 데리러 오라고 미리 약속을 정한다.
4. 시간에 맞춰 그 집으로 아이를 데리러 간다.

그렇게 약속을 정하고 큰아이에게 이야기해 주었더니 너무 좋아했다. "엄마, 나 내일 루시네 집에서 놀 생각하니까 너무 행복해!"

둘째를 데리러 학교에 갔다가 큰아이 반에 들렀더니 루시와 둘이 손을 꼭 붙잡고 루시 엄마를 찾으러 가고 있었다. 큰아이는 나에게 인사를 하고 씩씩하게 걸어갔다. 그렇게 신날까. 덕분에 집에서 둘째와 오붓한 시간을 보내고 5시경 데리러 갔다. 루시 엄마가 둘이 아주 사이좋게 재미있게 잘 놀았다고 다음에 또 만나자고 했다.

집에 오는 길에 큰애에게 오늘 어땠는지 물어보았다.

"오늘 어땠어? 재미있게 놀았어?"

"처음에 가서 드레스 업Dress up하고, 화장 놀이도 하고, 세수하고 ABC 쿠키랑 우유 먹고, 바비 인형 가지고 놀고, 밖에 나와서 조금 놀고 있으니까 엄마가 왔어."

"재밌었겠다."

"응, 시간이 너무 금방 간 것 같아. 30분 놀았는데 벌써 엄마가 온 것 같았어."

헤어지기 전에 큰애와 루시는 아쉬운 얼굴로 "See you tomorrow at school"이라고 인사하며 서로를 꼭 한번 안아 주었다.

아이를 루시의 집에 보내 놓고 혹시 실수하지 않을까 걱정도 되고, 혹여 감정 상하는 일이 생길까 염려도 되었는데, 즐겁게 지낸 것 같아 감사했다. 다음에는 루시를 우리 집으로 초대하기로 했다. 큰애는 플레이 데이트가 매일매일 있었으면 좋겠다고 했다. 미국은 워낙 땅이 크고, 집들도 드문드문 있다 보니 엄마들이 데려다주지 않으면 아무 데도 갈 수가 없다. 집 앞에 놀이터가 있어도 아이들이 노는 풍경도 보기가 힘들다. 이렇게 약속을 정해야만 방과 후에 친구들과 놀 수 있다는 것은 아쉬운 점 중에 하나다.

아이들은 친구를 통해 언어도 배우고, 사회성도 키우는데 학교에서 보내는 시간만으로는 한계가 있다. 보통 1시 반에서 2시 반 사이에 하교하니 친구들과 보내는 시간이 절대적으로 부족하다. 짧은 영어와 문화적 차이, 한계를 어떻게 극복하느냐가 관건이기에 부지런히 엄마들과 플레이 데이트 약속을 정해서 만나게 해 주는 게 방법이다. 모든 일에 용기가 필요한 나날이다.

12월에는 큰애의 베스트프렌드인 애나와 플레이 데이트를 했다. 애나는 큰애의 짝꿍인 일본인 친구로, 큰애가 처음 학교에 들어가서 영어에 힘겨워 할 때부터 큰 힘이 되어 주었다. 친구를 배려하는 마음이 예쁜 친구라 큰애가 많이 의지하고 좋아한다. 그동안 여러 번 애나와 플레이 데이트를 하려고 했는데 시간이 맞지 않아서 못하다가 애나의 엄마가 오케이해서 우리 집에서 놀게 됐다.

나는 처음으로 큰애가 영어로 대화하는 것을 제대로 들을 수 있었다. 이전까지는 잠깐 몇 마디 하는 걸 본 게 다여서 정확히 어느 정도 스피킹이 되는지 알지 못했다. 아이의 영어 실력이 예전보다 많이 좋아지긴 했으나 여전히 아주 기초적인 수준임을 알 수 있었다. 학교에서 선생님, 친구들과 어울리기 위해 아이는 매일 얼마나 영어와 씨름하고 있을까. 안쓰럽기도 하고 대견하기도 했다.

학교가 끝나고 2시 50분에 우리 집에 와서 과일, 쿠키, 음료수까지 싹싹 비우며 놀다가 6시 30분에 애나 엄마가 퇴근 후 데리러 왔다. "내일 아침에 만나." 큰애는 아쉬운 목소리로 애나에게 인사했다. 몇 시간 후면 만나는데 뭐가 그리 아쉬운지… 애나가 집으로 돌아가고 큰애가 저녁을 먹으며 그런다.

"엄마, 애나랑 다음에는 슬립 오버Sleep over해도 돼? 애나가 우리 집이 크고 좋다고 우리 집에서 하고 싶대."

"그래, 얼마든지! 다음 주에 또 놀자."

큰애는 뛸 듯이 기뻐했다.

그 후에 별다른 일정이 없던 주말에 둘째의 플레이 데이트 약속을 잡았다. 설레는 얼굴로 나간 둘째는 오전 내내 놀이터에서 놀다가 점심을 먹고 다시 놀이터로 향했다. 오후 2시. 집에서 간단한 과일 도시락을 싸 가서 아이들이 노는 모습을 보는데, 정말 끝도 없이 놀았다. 나중에 헤어지기 싫다고 더 놀고 싶다고 하더니 급기야 우리 집으로 가게 됐다.

얼결에 우리 집으로 아이들, 엄마들 다 같이 몰려온 시간은 5시. 과일을 더 내어 주다가 안 되겠다 싶었다. 곧 저녁 시간인데 그냥 돌려보낼 수 없었다. 다들 집에 돌아가면 아이 씻기기도 피곤할 텐데 밥까지 챙겨 먹이려면 쉽지 않을 것 같았다. 그래서 우리 집에서 간단히 저녁을 먹고 가라고 권했다.

압력밥솥으로 새 밥을 짓고, 쟁여 놓은 반찬들을 꺼내서 지지고 볶아 불고기 덮밥과 함께 내었다. 식사를 마치고 나서 다시 놀이터에 나가 8시가 다 되도록 놀다가 헤어졌다.

주말이어서 아침 일찍 일어나 대청소한 집은 난장판이 되어 버렸다. 아이들을 씻기고, 밀린 빨래를 개고, 집을 다시 치웠다. 설거지는… 도저히 9명이 먹고 간 흔적에 손댈 엄두가 나지 않아 그냥 두고는 일기나 몇 글자 썼다.

만나면 즐겁고 웃음 가득한 아이들의 한때

몸은 고되고 힘들었지만 아이들이 잘 먹어 줘서, 재미있게 놀아서, 엄마들이 고마워해서, 남편이 집이 깨끗하고 쾌적해져서 좋다고 하니 나의 이 모든 수고로움이 헛되지 않았다. 아… 어느새 눈이 감겼다.

32

대통령 선거

마침 2016년은 미국의 대통령 선거가 열린 해였다. 학교에서도 이때를 놓치지 않고 미국의 대통령과 선거에 관해 자연스럽게 아이들에게 노출했다. 미국 대통령 선거일은 쉬는 날이 아니었다. 학부모는 자유로이 아이들과 섞여 투표했다. 밤 8시까지. 왁자지껄 자연스러운 풍경이었다. 노란줄, 초록줄로 나눠 서라는 안내문이 여기저기 붙어 있었다. 투표는 도서관에서 이뤄졌고 온종일 줄이 길었다.

선거 당일. 부모들이 밖에서 투표하는 동안 아이들은 각 반에서 직접 투표해 보는 시간을 가졌더랬다. 그전에 이미 대통령 선거에 관한 책 3권을 읽고 대화 나누는 시간도 가졌다고 했다. 오후에 아이를 데리러 가 보니 가슴팍에 투표했다는 스티커를 모두 하나씩 붙이고 있었다. 각자 누구를 뽑았는지, 결과는 어땠는지 얘기하는데 친구들이 모두 힐러리가 될 것이라고 투표를 해서 첫째와 둘째네 반 모두 그녀가 이겼다고 했다.

그때까지만 해도 나 또한 그런 생각을 하는 사람 중 하나였다. 아이들은 트럼프와 힐러리 외에 다른 후보도 있다는 사실을 얘기해 주면서, 게임도 했고 너무 재미있었다고 이야깃거리를 쏟아 냈다. 딸은 힐러리를 찍었으며, 아들은 트럼프를 찍었다는 말에 웃음이 나서 한참을 이야기꽃을 피웠다.

집에 돌아와 뉴스를 틀었다. 학교에서 내내 보고 듣고 체험한 것이 있어서인지 아이들이 아주 열중해서 시청했다. 내심 놀랍기도 했다. 배경지식이 없어 재미를 못 느낄 것 같았는데 의외였다. 투표 결과 차트에 각 주가 이니셜로 표기되었다. 마침 집에 있던 미국 지도에 각 주의 이니셜을 한번 써 보라고도 줬다. 위치도 대강 파악할 겸, 이름도 불러볼 겸.

50개 주의 이름을 뉴스에서 나오는 대로 발음해보고, 이니셜을 써 보고, 국기도 살펴보고 재미있게 뉴스를 시청했다. 아주 박빙으로 가다가 점점 트럼프쪽으로 기우는데, 정말 흥미진진했다. 개표가 어느 정도 진행되고 미국 제45대 대통령에 트럼프의 당선이 확정되었다. '트럼프 쇼크'라고 검색어에 뜨는 것처럼 곧바로 여기저기서 안티-트럼프 시위가 이어졌다. CNN에서는 "과연 그가 해낼 수 있을까?Trump's America: Can he do it?"라는 헤드라인을 내보냈고, "아이들에게 선거 결과를 설명하는 방법How to explain the election results to kids"이라는 내용의 동영상이 흘러나오기도 했다. 전 세계 증시가 출렁이는 모습까지 연일 보도가 흥미진진했다.

이곳에서는 주로 실생활에서 일어나는 이벤트나 기념일을 소재로 아이들과 독서, 수업을 많이 한다. 공부나 학습이라는 무게감이 없다는 것이 중요 포인트다.

핼러윈에는 그를 주제로 도서관마다 따로 코너를 마련해 전시를 하고 학교에서도 관련 액티비티를 많이 한 것을 보면 알 수 있다. 중간중간 대통령 기념일, 콜럼버스 데이, 베테랑 데이 등 기념일과 관련한 행사를 보는 재미가 쏠쏠하다. 아이들에게는 하루하루가 즐겁고, 친근하고, 신나는 날일 수밖에 없다. 흥분해서 떠들던 아이들 표정이 떠오른다. 한국에서도 학교에서 나오자마자 너무 재미있었다며 이야깃거리를 쏟아 내는 모습을 계속 볼 수 있을까? 그러길 진심으로 바랐다.

33

학부모 상담 주간

학부모 상담 기간에는 하교 시간도 1시간씩 앞당겨진다. 아이들이 미국 학교에 다닌 지 세 달쯤 되었을 때 남편과 나는 선생님을 만나러 학교에 갔다. 아이들은 밖에서 놀면서 기다리거나 교실에 함께 들어와 조용히 책을 봐도 됐다. 현지에 있는 경험 많은 엄마들에게 물어보니 빈손으로 가는 게 마음 쓰이면 작은 선물 겸 먹을 걸 사 가도 좋다고 했다. 다가오는 추수감사절 기념 초콜릿을 사서 선생님에게 선물했다.

좋아하는 선생님의 얼굴을 보니 엄격하게 주고받는 행위를 금지하고 있는 우리나라가 떠올랐다. 허용하면 한계를 모르고 무리수를 두는 사람들로 인해 서로 소소히 마음을 나누는 정마저 철저히 차단하고 감시하는 우리 문화가 안타까웠다.

이곳에서는 초콜릿이나 쿠키, 스타벅스 커피 한 잔 등이 전부다. 물론 그냥 와도 전혀 상관없다. 낯선 미국 땅에서 아이가 학교생활을 즐겁게 할 수 있도록 도와주는 선생님에게 고마운 마음을 전하고 싶을 뿐이었다.

선생님은 그동안 아이를 평가한 활동지, 시험지, 액티비티 활동 내용을 펼쳐 놓고 설명해 주었다. 점수는 성취도와 아이의 노력 부분으로 나뉘었다.

4점 : Advanced(고급)

3점 : Proficient(능숙한)

2점 : Partially proficient(부분적으로 능숙한)

1점 : Not proficient(능숙하지 않은)

큰아이 평가지는 3점과 4점이 두루 섞여 있었다. 2점은 딱 두 개였는데 스피킹Speaking과 리딩Reading부분이었다. 리딩에 대한 본인 스스로의 노력은 3점이었으나 성과 면에서는 2점을 받았다. 쓰기writing는 노력과 성과 둘 다 3점이었다. 리딩이 2점이라니 오히려 그 반대라고 예상했는데 조금 의아했다.

2학년 교과서가 생각보다 어렵고 단어 수준도 높아서 아이 입장에서는 리딩이 어려울 수도 있었다. 반면 쓰기는 이미 읽어 본 교과서의 내용을 옮겨 쓰거나 간단한 생활 영어 키워드만 가지고도 해결할 수 있다는 점에서 이러한 결과가 나온 게 아닐까 유추했다.

스피킹은 인풋In put을 쌓는 중일까? 아직 어색하고 부끄러워서 말을 잘 못하는 걸까? 리딩에 더욱 신경을 쓰면 함께 해결될지도 몰라… 기숙사 놀이터에서 자주 나가거나 플레이 데이트Play date를 통해 말하기를 연습할 수 있는 환경을 조성해 줘야겠다. 여러 생각이 스쳤다. 전반적인 사항과 교우관계, 아이의 성격 등에 대해서도 이야기를 들을 수 있었다.

"3개월 만에 아이가 이렇게 성장한 걸 보면 나는 정말 깜짝 놀라. 지금은 확실히 자신감이 있어. 특히 아이가 하는 '책 만들기'가 아주 멋진 것 같아. 계속하도록 독려하고 있어."

책 만들기는 어린이집에서 했던 활동 중 하나다. 종이를 가위로 이렇게 저렇게 오리고 접으면 더미북을 만들 수 있는데 아이는 집에서도 종종 자기의 생각이나 그림을 책 만들기로 정리하곤 했었다. 미국에 와서도 계속한 책 만들기가 담임 선생님에게 인상적이었나 보다. 새삼 아이가 다녔던 어린이집 선생님에게 고마웠다. 그분은 퇴근한 후에 스크랩북킹과 같은 책 만들기 수업을 따로 수강해서 아이들에게 알려줬다.

유치원생 나이인 둘째의 학년Kinder에는 아직 시작 단계이기 때문에 아이의 가능성과 잠재력을 보고 있으므로 4점 Advanced를 주지 않는다고 했다. 그럼 3점이 가장 좋은 점수인데 둘째는 단 하나를 빼고 모두 3점을 받았다. 2점을 받은 하나는 바로 스피킹. 2점도 감지덕지였다.

나는 "단순히 영어를 기준으로 둔 결과가 아니라 아이 자체와 노력을 보고, 가능성을 함께 고려한 것 같아서 기쁘고 만족스럽다. 난 우리 아들을 믿었다"고 이야기했다.

내 말에 선생님은 "네 아들은 집중력이 아주 뛰어나. 상황을 잘 헤아리고 머릿속에 다 담아 두는 것 같아. 언젠가, 어느 날 갑자기 그걸 다 쏟아내고 터뜨리는 순간이 올 거야. 우리 모두 깜짝 놀라겠지?"라고 답해 주었다.

지난 3개월간 아이들이 학교에서 온몸으로 부딪혀 가며 배웠을 과정을 생각하니 가슴이 먹먹했다. 많이 걱정했는데 상담 결과가 나를 안심시키고 괜찮다고 위로를 건네는 것 같았다. 학교를 나오며 남편이 나에게 "고맙다. 애들 잘 케어해줘서"하고 말했다. 그냥, 잘하고 있다는 격려를 모두에게 받은 것 같아 감사하고 기쁜 하루였다.

34

미국 초등학교 시상식

큰애는 나의 자랑, 둘째는 나의 사랑. 내가 종종 떠올리곤 하는 이 말이 마치 앞날에 대한 주문처럼 느껴질 때가 있다. 얼마 전 큰애 담임 선생님께 편지가 왔다. 반에서 3명을 뽑아 상을 주는데 우리 아이가 받게 되었으니 시상식에 참석해 영광의 순간을 축하해 주면 좋겠다는 내용이었다. 아이가 받은 상의 이름은 'Effort Award'이었다.

- Academic Excellence Award – 성적 우수한 아이
- Citizenship Award – 독립심, 협동심, 책임감, 규칙 지키기 등에서 우수한 아이

• Effort Award – 위 두 가지에서 요구하는 덕목에 지속적인 노력을 보여주는 아이

너무 기뻤다. 부모는 이런 맛으로 사는가 보다. 남편과 함께 시상식에 참석했다.

9시 30분에 시작이라고 해서 10분 전 도착해 보니 벌써 1학년 행사가 진행되고 있었다. 그 뒤로 2, 3학년이 합동 시상식을 했다. 강당이 작으니 학년을 구분해서 하는데 오히려 아늑한 분위기에서 아이들이 하는 이야기 하나하나에 귀 기울일 수 있었다. 아이가 무대에 오르면 교장 선생님이 상을 받는 이유와 함께 축하의 말을 건넸다. 큰애는 아주 한정된Limited 영어 실력으로 미국에 왔음에도 불구하고 눈에 띄는 탁월한 노력Outstanding Effort으로 친구들과도 사이좋게 잘 지내고, 학업에서도 우수한 실력 향상을 보였다는 이유로 상을 받았다. 친구들의 박수와 함성이 이어다. 어린 아이들이어도 아낌없는 격려와 환호를 보여 주는 모습이 예뻤다. 시상식이 끝날 때까지 모두 흐트러지지 않고 집중력을 보여서 놀랐다.

학교에서 돌아온 아이에게 물었다.

"오늘 어땠어? 교실에서도 친구들이 많이 축하해 줬어?"

"응, 애들이 Good Job! 이라고 막 얘기해 줬어. 그런데 마일로

는 왜 내가 상을 받았는지 모르겠다고 어깨를 으쓱하기도 했어. 아, 마일로는 소피아가 좋아하는 애야, 크크. 둘이 옛날에 크래쉬Crash한 적도 있는데 서로 좋아하는 사이가 됐거든."

재잘재잘 이야기하는 모습이 영락없는 아이다. 금세 다른 화제로 넘어가며 키득키득한다.

"그래, 마일로처럼 생각하는 아이들도 있겠지만 서로 생각이 다를 뿐이야. 우리 딸은 충분히 그 상을 받을 자격이 있어. 예전에 영어 하나도 못했는데, 지금은 많이 늘었잖아. 그건 엄청난 노력이 필요한 일이야. 대단해!"

그렇게 다시 한 번 아이를 축하해 주었다.

"오늘 뭐 먹고 싶어? 상 받았으니 우리 딸이 먹고 싶은 것 다 해 줄게."

"음… 그럼 스파게티?"

"그래, 오늘 저녁은 스파게티 먹자!"

마침 밥도 없었는데 잘됐다. 스파게티를 만들어 맛있게 먹고, 아이의 상장을 벽에 붙였다. 둘째는 약간 샘이 났는지 '나도 나중에 상 타면 장난감 사줘!'하고 귀엽게 소리친다. 감사하고 행복한 하루였다.

35

1년에 두 번 포틀럭 파티

미국 초등학교에서는 1년에 두 번 포틀럭 파티Potluck party를 연다. 포틀럭 파티는 각자 음식을 조금씩 가져와서 다 같이 먹으며 이야기도 나누고 친목도 다지는 미국의 문화이다. 첫 번째는 겨울 방학 직전에 윈터 콘서트Winter concert를 앞두고 하고 두 번째는 여름 방학 전 댄스 페스티벌Dance Festival전에 열린다. 학부모와 선생님이 둘러 앉아 대화하는 동안 아이들은 신나게 뛰어 논다. 그렇게 또 하나의 학교에서 즐거운 추억이 쌓인다. 음식을 가져오는 게 여의치 않으면 10달러를 기부할 수도 있다. 그 돈을 모아 피자나 치킨 등을 사서 함께 먹는다. 이 파티 역시 학부모들의 자원 봉사로 이루어진다. 주스나 물, 그릇을 제공하고 배식도 돕는다.

한국 음식으로 잡채가 있어서 오랜만에 맛있게 먹었다. 잡채는 미국 사람들도 참 좋아하는 음식이다. 아이 담임 선생님도 정말 좋아하는 음식이라며 칭찬했다. 예전에 집 앞 놀이터 친구인 비아 집에도 한 번 갖다줬더니 너무 맛있어서 순식간에 흡입했다며 음식 이름을 물었던 적이 있었다. 잡채만 잘해도 학교 행사에 여러 번 이바지할 수 있다.

남편은 미국에서 아이들의 학교 행사나 활동에 거의 빠지지 않고 참여하고 있다. 이런 여유는 한국에서는 누리기 힘든 일상인 것 같다. 아이들이 아빠와 많은 시간을 보내고 추억을 쌓을 수 있다는 것이 미국 생활의 좋은 점 중 하나다. 가족과 함께 보내는 시간이 아이들에게 좋은 영향을 준다는 건 누구나 잘 알고 있지만 실제로는 실천하기 어려운 일 중 하나 아닐까. 유학생으로 미국에 온 분들은 공부만으로도 바쁘겠지만 아이들의 학교생활에 적극적으로 참여하면 좋겠다.

2학기

1학기
겨울 방학
여름 방학
1학기
(한 학년 UP)

36

브레인 브레이크

"엄마, 나 브레인 브레이크Brain Break 좀 하면 안 될까?"

큰아이가 연산 문제집을 풀다가 이렇게 물었다. 하루에 2장 푸는데 쉬는 시간이 필요하다니! 속으로는 그런 생각을 했지만 순순히 그러라고 답해 줬다. 아이는 침대로 폴짝 뛰어올랐다. 나도 아이 옆에 잠시 누워 도란도란 이야기를 나눴다.

"학교에서도 수업 중에 공부Work 많이 하면 선생님한테 잠깐 브레인 브레이크 하고 싶다고 말할 수 있어. 그러면 선생님이 잠깐 쉬라고 해."

"그럼 어디 가서 쉬어?"

"아무 데나 갈 수 있어. 교실 안에 책 읽는 카펫 있잖아. 거기서 책 읽어도 되고, 화장실 가도 되고, 아무 데나 가도 돼. 돌아다녀도 되고."

갑자기 지난번에 다녀온 UCLA 법대 도서관이 떠올랐다. 그곳에서 가장 눈에 띄었던 것은 도서관 입구에 있던 놀이 도구들이었다. 레고, 종이접기, 색칠공부, 퍼즐 등 다양한 놀이 도구가 책상 위에 놓여 있었는데 학생들이 공부하다가 머리를 식힐 때 사용할 수 있도록 배려한 것이었다.

인풋만 강요해서는 안 된다. 잠시 멈춰서 다른 생각도 좀 하고, 그동안 집어넣기만 했던 것들을 정리해 보는 시간이 있어야 더 잘 기억할 수 있다. 그 과정을 통해서 머릿속에 입력된 많은 정보가 서로 융합되어 전혀 다른, 새로운 생각으로 탄생하기도 하는 것이다.

초등학생부터 대학생까지 누구든 브레인 브레이크 시간을 가질 수 있는 이들의 여유는 정말 배우고 싶은 부분이었다. 자유롭게 스스로 원하는 것을 찾아 경험하고, 독서와 사색을 즐길 수 있는 시간을 충분히 갖는다면 훨씬 더 많은 창의력이 샘솟지 않을까. 교육에서 빠른 것만이 능사는 아닐 것이다. 이 생각 이후로 나는 아이에게 먼저 물어보게 되었다. 책을 읽다가, 공부를 하다가 힘들어 하는 아이에게 이렇게 말한다.

"우리 브레인 브레이크 할까?"

이렇게 아이에게 새로운 말을 배웠다. 반면 지금까지 아이는 부모에게서 모든 말을 배우고 익혔으리라. 그 때문에 후회될 때도 있다. 아이는 스펀지처럼 부모의 말을 흡수한다는 걸 잊지 말아야겠다.

큰아이의 댄스 공연 때 입을 유니폼이 필요해 쇼핑을 갔는데, 자꾸만 둘째가 계속 자신도 와이셔츠와 정장 바지를 사 달라고 떼를 부렸다. 이미 정장을 입어야 하는 졸업식이 지나서 살 필요가 없었다. 아이를 달래서 다음에 필요할 때 사주겠노라 했다.

두 아이는 사실 물건이나 옷에 크게 집착하지 않는 편이다. 갖고 싶은 게 있어도 잘 설득하면 떼를 부리지 않는다. 이 점이 참 다행이라고 생각했는데, 둘째가 떼를 부리기 시작했다. 전적으로 나와 남편의 잘못이다.

저번에 아이 앞에서 나눈 대화다.

"그때 졸업식 때 울 준이만 정장 안 입어서 좀 그렇더라…."

"그러게. 정장 빼입는 날인 줄 몰랐지 뭐… 좀 더 신경을 썼어야 했는데 너무 무심했나 봐."

"좀 없어 보이고 안쓰럽더라."

"근데 그날 하루 입자고 새로 사기는 아까웠잖아."

"그래도… 다른 애들은 다 셔츠나 정장 스타일로 입었던데… 미안하네."

우리 아이만 옷을 제대로 갖춰 입지 않아 제일 초라해 보였다는 식의 대화를 몇 번이나 되새김질한 것이다. 그러다 우리의 대화를 잠자코 듣고 있는 아이를 보고는 아차 싶었다. 아이는 거기에 대해 아무 생각도 없었는데, 정장을 입든지 말든지 그저 즐거웠는데, 그 순간 우리의 말에 영향을 받아서 자꾸만 정장을 사 달라고 떼를 부린 것이다.

참 미안했다. 아이는 언제나 자신이 입고 있는 옷이나 사는 집, 가진 물건들로 자신의 가치를 판단하지 않았다. 있는 그대로 스스로를 사랑할 줄 아는 아이였다. 이번엔 아이를 따라 내가 마음을 고쳐먹어야 할 차례다. 아이들을 통해 엄마는 매일 더 배운다.

37

100일을 축하합니다

온통 영어로 된 아이들의 과제를 챙기는 일은 약간의 스트레스로 다가오기도 한다. 100th Day of School 행사가 열리던 그날이 바로 그랬다. 이 행사는 말 그대로 주말, 공휴일 빼고 순수하게 학교에 다닌 지 100일째 되는 날을 축하하는 취지가 들어 있었다. 그 행사의 일환으로 숙제를 내줬었는데 둘째가 집에 오자마자 다짜고짜 제출할 과제물로 레고를 가져가겠다고 했다.

며칠 전 아이를 통해 전해 받은 안내문을 통해 숙제 제출일이 다음 날로 다가왔다는 것은 이미 나도 알고 있는 사실이었다. 하지만 안내문을 읽어 봐도 완성품을 가져오라는 것인지, 학교에서 만들 예정이니 재료를 준비하라는 말인지 헷갈려서 숙제 준비를 미뤄 두고 있는 상황이긴 했다. 그런데 주변 친구들에게 무슨 이야기를 들었는지 갑자기 아이의 마음이 급해진 것 같았다.

처음에는 레고 블록 100개를 가져가면 되는 줄 알았다. 안내문에 네모 그림으로 사이즈를 표기해 놓았기 때문에 그에 맞춘 작은 것이면 되겠거니 생각했기 때문이다. 그런데 아이가 먼저 숙제를 해 온 친구들은 완성품을 들고 왔다는 것이었다. 이런 행사는 처음이라 확신은 없었지만 엄마 생각에는 안내문에 있는 네모 크기의 재료를 가져가면 될 것 같다고 이야기했다.

아이는 잠시 고개를 갸웃거리더니 "알았어, 그럼 어떤 거 가져갈까? 레고도 괜찮아?"라고 물었다. 나는 잠시 고민하다가 다른 친구가 레고를 가져왔다는 것을 기억하고, 다른 물품을 제안했다. "엠앤엠 초콜릿M&Ms은 어때? 집에 지난번 핼러윈 때 받은 거 아직 많이 남았는데 100개 되는지 세어 보자." 아이가 찬성하여 엠앤엠 초콜릿 100개를 세어서 통에 담아 두었다.

그날 밤 모두가 잠이 든 시간에 괜히 마음이 불안하고, 뭔가 미진한 느낌이 들었다. 뒤척이다 자리에서 일어나 아이의 과제 안내문을 다시 한번 꼼꼼히 읽어 보았다. '그래, 이게 아무래도 완성품을 가져오라는 말인 것 같은데… 지금에 와서 저 사방으로 굴러다니는 동그란 초콜릿으로 뭘 하지?'

혼자 머리를 싸매고 곰곰 생각하다가 며칠 전 디즈니 크루즈여행에서 받아 온 미키마우스 비즈가 생각났다. 야심한 밤에 조용히 색지를 꺼내서 미키마우스를 그리고 색칠하고, 풀로 비즈를 붙여 채웠다. 완성하고 나니 눈이 가물가물했다. 아이가 잘 볼 수 있도록 소파 옆에 올려놓고 잠이 들었다.

새벽에 먼저 일어난 둘째가 숙제를 발견하고는 "엄마, 고마워!" 하고 소리쳤다. 방긋방긋 웃으며 좋아한다. 그 모습을 보니 아이도 내심 불안했었던 모양이었다. 어제는 엄마 말이니 곧이들었지만 뭔가 아니라는 생각을 했다가 완성품을 가져갈 수 있게 되자 안심을 하는 것 같았다.

"혹시 모르니까, 이 그림하고 비즈 100개 둘 다 가져가 보자. 수업시간에 할 수도 있잖아."

"응, 알았어."

결과적으로는 완성품을 제출하는 것이 맞았다. 집에 온 아이가 이야기하기를, 여러 작품이 전시 되었는데 친구들이 자신의 것을 보고 미키마우스라고 알아봐 줘서 기분이 좋았다고 싱글거렸다. 천만다행이었다. 하마터면 아이 혼자만 전시에 참여도 못하고 마음만 상했을 것이다. 가뜩이나 영어가 유창하지 않으니까 약간 위축된 것 같은데 말이다. 웃음 섞인 이 귀여운 목소리를 듣게 되어 정말 다행이었다.

38

아빠와 함께 춤을

지난번에는 엄마와 아들이 함께 춤을 추는 행사Mother-Son Dance가 있었는데, 아들의 완강한 거부로 나는 갈 기회가 없었다. 몇 주 후 아빠와 딸이 함께 춤을 추는 행사Father-Daughter Dance가 열렸다. 큰애는 아빠와 꼭 가겠다고 며칠 전부터 벼르더니 둘이 좋은 시간을 보내고 왔다. 표는 1인당 10불이었고, 아빠와 딸이니 20불, 딸이 두 명인 경우는 30불을 내면 된다.

이런 행사는 처음이라 생소했는데 아이는 친구들에게 이야기를 들은 모양이었다. 아빠에게 이렇게 저렇게 하면 좋겠다고 코치하기 시작했다. 딸의 말에 따라 아빠는 멋지게 정장 차림에 구두를 신었다. 아이도 한껏 치장을 했다. 원피스를 입고 땋아 올린 머리에 핀도 꽂고 아주 예쁘게 꾸몄다. 그렇게 아빠와 딸은 팔짱을 끼고 학교로 향했다.

처음엔 나와 둘째도 따라나서려 했으나 딸아이가 "엄마, 여기는 아빠와 딸만 입장 가능해. 그래서 표가 2장뿐인 거야"하며 만류했다. 옷도 다 차려입었는데 잘 다녀오라고 배웅만 해야 했다. 댄스파티는 저녁 6시부터 8시까지 진행되어 일하는 아빠들도 퇴근하고 참여할 수 있었다. 아빠들이 파티가 끝나기 전에 학교에 올 수 있을지 의문스러웠으나 대부분 아이 학교에 행사가 있으면 융통성 있게 근무시간을 조절할 수 있는 분위기인 것 같았다.

컴퓨터 선생님인 마크가 DJ로 분해 분위기를 이끌었는데, 흘러나오는 노래 중에 싸이의 〈강남스타일〉이 나와서 큰애는 더 흥겹게 춤을 췄단다. 지난번 학교 핼러윈 축제 때도 나왔고, 디즈니 크루즈 해적 파티때도 이 곡이 나왔던 걸 보면 정말 미국에서도 대히트를 한 게 맞나 보다. 반가웠다.

남편 말에 의하면 간혹 봐줄 사람이 없어서인지 남자아이들이 따라 오거나 엄마들이 차려입고 참석한 집도 있다고 했다. 먹을 것도 모두 준비되어 있어서 아이들은 2시간 동안 실컷 먹고, 춤추고, 놀 수 있었다.

파티가 끝나고 집에 돌아온 큰애의 손에 풍선이 들려 있었다. 수소 풍선이라 끈을 놓으니까 천장에 올라가 닿았다. 두 아이가 천장에 붙은 풍선을 잡으려고 콩콩대며 둘이 또 한참을 놀았다.

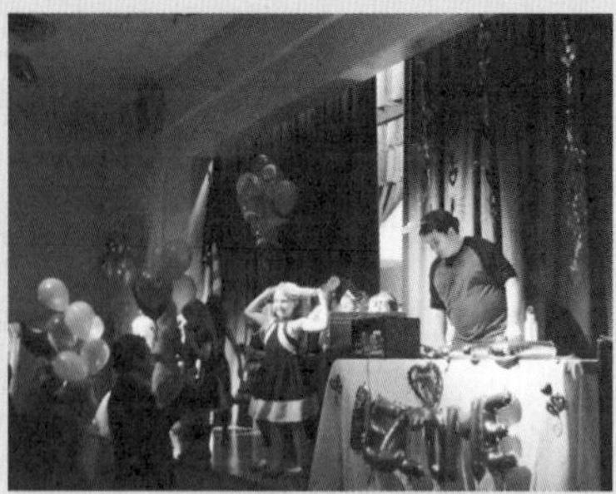

아빠와 함께 춤을 추는 파티에 아이들의 웃음이 끊이질 않는다

꽃도 2송이씩 받아 왔다. 활짝 핀 꽃송이처럼 웃는 아이들을 보니 나도 기분이 좋았다. 아이들에게 참 좋은 행사다.

39

밸런타인데이

1년 내내 축제가 끊이지 않는 미국에서 크리스마스 이후 처음 맞는 행사는 밸런타인데이다. 쇼핑몰은 온통 핑크빛 물결이고 슈퍼에도 갖가지 풍선과 인형, 꽃들로 화려하다. 우리나라에서는 밸런타인데이를 여자들이 고백하는 날이라 인식하지만 미국에서는 남녀노소 불문하고 모두가 사랑과 감사의 마음을 전하는 하루다.

학교에서도 안내문이 왔다. 2월 14일 밸런타인데이 때 친구들에게 선물을 주거나 카드를 주려면, 반 전체 아이들이 모두 받을 수 있도록 준비해 달라는 내용이었다. 혹시 받지 못한 아이들에게 상처가 되지 않도록 배려하는 마음이었다. 아이들 이름이 적힌 목록이 함께 동봉되어 있었고 선물할 수 있는 품목은 사탕, 쿠키, 연필, 지우개 등 작은 것들이 가능했다.

때마침 미국에 오기 전에 미국 아이들이 알록달록한 것을 좋아한다고 해서 챙겨 간 색종이와 연필이 있었다. 마침 예전에 저렴하게 사 두었던 것인데 두 아이의 반 친구들에게 모두 돌릴 수 있을 양이었다. 'Happy Valentine's Day'라고 쓴 하트를 오려서 붙이고 예쁘게 포장했다.

선생님에게는 며칠 전에 여행지에서 샀던 볼펜을 드리기로 했다. 아이는 함께 준비한 선물을 모두 봉투에 넣어 가져갔는데 친구들과 잘 주고받았는지 궁금했다. 그리고 잠시 후 아차 싶었다. 뒤늦게 남편의 초콜릿은 하나도 준비하지 않았다는 사실이 생각났기 때문이었다.

수업을 마친 아이들이 집으로 돌아왔다. 아이들은 현관문을 들어서기 무섭게 내 손에 카드를 쥐어 주었다. 수업시간에 만든 것이라고 했다. 그리고 친구들에게 받은 선물 보따리를 풀었는데, 초콜릿, 사탕, 지우개가 넘쳤다. 큰애는 단짝 친구인 올리버가 준 꾸러미가 가장 마음에 든다고 했다.

올리버가 준 선물은 어린이용 매니큐어와 립밤, See's Candy 롤리팝(미국에서 인기 많은 초콜릿 브랜드), 높은 점수의 포켓몬 카드 1장이 들어 있었다. 선물을 준 아이와 선물을 준비한 엄마의 정성이 담긴 것들이었다. 특히 포켓몬 카드는 그 또래 아이에게 참 중요한 물건이었을 텐데 선물로 준 것을 보니 인심을 후하게 쓴 것 같았다. 역시 내가 갖고 싶은 것을 주어야 남들도 좋아하는구나 싶었다. 다음에는 쉽게 생각하지 말고 좀 더 아이들 눈높이에 맞게 정성을 다해서 준비하면 좋겠다는 생각을 했다.

"엄마, 아까 애들이 선물 나눠 줄 때는 다 신기해 보이고 좋았는데, 막상 보니까 별로 재밌는 게 없다. 그냥 다 그래."

"맞아. 신기해 보이고 좋아 보이는 것도 실제로 내 것이 되면 별로일 수 있어. 가지는 순간 흥미를 잃게 되기도 해. 그래서 많이 갖는다고 다 좋은 건 아닌 거지. 그래도 친구들이랑 즐겁게 지냈잖아. 이렇게 작은 선물이나 카드 주고받는 건 참 좋은 일이야."

그때 초인종이 울렸다. 기숙사 친구들이 놀자고 불러내는 것이었다. 아이들은 뛰쳐나갔다. 선반 높은 곳에 두고 가끔 인심 베풀 듯 아이들에게 나눠 주곤 했던 초콜릿 박스를 챙겨 나도 따라나섰다. 미국 친구들에게 어설픈 발음으로 "Happy Valentine's Day!" 하며 초콜릿 박스를 내밀었다. 다 같이 나눠 먹으며 즐거운 한때를 보냈다.

밸런타인데이 같은 작은 기념일들을 그냥 초콜릿 회사의 마케팅에 넘어가는 날이라고 치부하지 말고 다른 사람과 나누며 즐기는 날, 평소 전하지 못했던 사랑과 감사를 즐겁게 표현하는 날이라고 생각하면 좋겠다. 작은 선물이 아주 큰 기쁨을 불러온다.

40

프로젝트 숙제

아이들이 2학년 2학기가 되고 나서 프로젝트 과제처럼 시간을 들여야 하는 숙제가 늘어났다. 교재는 전에 이야기한 스콜라스틱에서 제공하는 『세계 최고의 발명가와 과학자Getting to know the world's greatest inventors and scientists』였는데 시중에서는 팔지 않는 것 같다. 프로젝트 과제에서 큰애가 다룰 인물은 동물학자이자 인류학자인 제인 구달Jane Goodall이었다. 반 아이들이 각기 다른 인물 조사를 맡았는데 조금 소개하자면 이렇다.

소피아는 라이트 형제Wilbur Wright, Orville Wright

애나는 토마스 제퍼슨Thomas Jefferson

루시는 루실 볼Lucille Ball

에이브린은 헬렌 켈러Helen Keller

마일로는 제시 오언스Jesse Owens

아디티아는 조지 워싱턴George Washington

조나슨은 조지 워싱턴 카버George Washington Carver

그 밖에 재키 로빈슨Jackie Robinson, 토마스 에디슨Thomas Edison, 시어도어 루스벨트Theodore Roosevelt, 엘리너 루스벨트Eleanor Roosevelt 등

선생님이 내준 문제의 답을 책에서 찾아 포스터로 만들어야 한다. 책을 제대로 읽었는지 파악하는 연습용 문제지 워크시트Worksheet를 먼저 풀고 포스터를 꾸미는 것이다. 워크시트와 포스터 꾸미기를 모두 마치면 선생님이 나눠 준 하드보드지에 그려져 있는 쿠키맨Gingerbread man에 내가 그 인물이 되었다고 생각하고 색칠하면 된다.

책 지문이 생각보다 길었다. 아직 영어에 익숙지 않은데 이런 거창한 숙제를 받아 오면 아이는 부담을 많이 느꼈다. 그래도 아이가 열심히 하는 모습이 고맙고 대견했다. 완성한 숙제를 학교에 가져갔더니 지금까지 이렇게 입체적으로 잘해 온 친구는 없었다며 칭찬을 받았다고 한다. 인물에 머리를 붙이고 다이어리와 카메라를 따로 만들어 붙이자고 한 아이의 아이디어가 빛난 숙제였다.

둘째의 프로젝트 숙제는 '매일 날씨 쓰기'였다. 2월 한 달 동안

날씨를 기록해 오라며 달력이 그려진 종이를 주었다. 아이는 매일 아침 식사를 하며 그날의 날씨를 그렸다. 쉬운 숙제라고 여겼는데 한 달 동안 꾸준히 쓰기가 정말 어려웠다. 빼먹고 이틀치를 함께 쓴 날도 많았다.

왜 이런 숙제를 내줬을까? 꾸준함을 배우게 하려고? 일상에 많은 영향을 끼치는 일임에도 간과하고 지내는 날씨의 변화를 느껴 보라고? 이 얘기를 들은 한 지인은 지속성, 규칙성, 변화 등을 모두 알 수 있는 수고스럽지만 의미 있는 숙제인 것 같다고 했다.

한 달짜리 숙제가 끝나고 우연히 인터넷 뉴스를 보다가 어떤 기사가 눈에 들어왔다. 무려 288년이나 날씨를 기록한 〈승정원일기〉에 관한 것이었다. 고작 30일도 밀리고 빼먹는데 무려 300년 가까운 세월의 날씨를 기록하다니 감탄이 절로 흘러나왔다. 우리 문화가 자랑스러웠다. 아이들에게 이 이야기를 꼭 해 줘야겠다고 마음먹으며 두 아이가 큰 프로젝트 숙제를 잘 마무리한 것을 자축했다.

41

2학기 학부모 상담

1년에 두 번 있는 학부모 상담 그 두 번째 시간이 왔다. 처음에 갔을 때는 아이가 워낙 영어가 부족해 걱정이 많았고, 선생님과의 첫 상담이라 무지 긴장했었다. 시간은 정말 위대하다. 많은 것을 해결해 줄 뿐만 아니라 편안하게 만들어 주기도 한다. 전보다 훨씬 가벼운 마음으로 상담에 임했다.

선생님은 우리 아이를 한마디로 표현해서 "어메이징Amazing"이라고 했다. 내내 걱정했던 큰애 영어 실력이 학년 아이들의 거의 80% 정도 수준으로 따라온 것 같다고 했다. 수학도 만족할 만한 성취도를 보였고, 모든 스펠링을 정확하게 구사한다고 했다. 쉴

새 없이 칭찬이 이어져서 조금 쑥스러웠지만 자랑스러웠다. 아이의 성장은 내가 생각해도 빠르고 놀라웠다.

아이는 2학기에 접어들어서 방과 후 교실을 시작했다. 끝나고 놀이터에서 친구들과 1~2시간씩 놀곤 했는데 그게 영어 실력이 늘은 요인이 아니었을까? 교실에서도, 놀이터에서도 한국말로 이야기할 친구가 없는 환경에 놓였기 때문에 더 빨리 늘지 않았나 싶다. 한국에 있을 때부터 독서량이 많은 편이었으니 영어를 습득하는 데에도 도움이 됐을 것이다.

한 달에 한 번 보는 테스트 점수도 좋았다. 선생님은 이중에서 읽기가 가장 중요한데 아이가 지문을 읽고 답하는 부분에서 정답을 다 맞힌다며 충분히 내용을 이해하며 읽고 있다는 증거라고 짚어 주었다. 친구들도 고르게 사귀며, 자신감과 호기심으로 어려움을 적극적으로 돌파해 나가고 있다는 이야기를 끝으로 상담을 마쳤다.

둘째의 교실에서도 "어메이징"이라는 말을 여러 번 들었다. 그냥 미국 선생님들의 입버릇 칭찬인 건지 헷갈렸다. 둘째도 잘 해내고 있었다. 영어가 처음보다 많이 늘어서 이제 문장을 구사하는 단계에 들어섰다고 했다. 주요 사이트 워드를 거의 다 읽을 줄 아는 걸 보니 집에서 분명 이런 부분에 신경을 쓴 것 같다며 잘했다는 말을 들었다.

수업시간에 둘째의 태도에 대한 칭찬도 들었다. 집중력이 아주 높고, 불확실한 것을 정확히 알고자 하는 욕구가 강한 편이라고 한다. 완벽히 이해하지 않으면 갸우뚱하며 고민하는 것이 얼굴에 다 드러나는데, 그 부분에 대해서 선생님에게 질문도 곧잘 한다고 한다. 친구들과 지내는 모습도 사려 깊은 성격으로 논쟁이나 갈등 상황을 만들지 않으며 잘 해결한다는 말을 들었다.

학교에서 꿀 먹은 벙어리일 줄 알았는데 나름 손들고 질문도 하고, 발표도 한다니 크나큰 발전이다. 둘째는 아직 어려서 작은 성취에도 이렇게 기쁘다. 사실 뭘 해도 귀여운 막내다. 둘째에게 튜터Tutor가 필요하겠냐는 질문에 선생님은 아니라고 답했다.

"아이에게는 놀이도 중요한 배움인 것 같아. 이제 학년이 올라갈수록 학업에 매진할 일만 남았는데, 어린 시절에라도 부담 없이 마음껏 놀 수 있도록 해 주면 좋지 않을까? 학교에서는 이 정도만 따라가도 충분해."

두 선생님과의 상담 모두 20분이라는 짧은 시간이었지만 궁금했던 것들을 해소하는 알찬 만남이었다. 선생님들이 친절히 대해 주고, 버벅거리는 이 엄마의 말을 잘 들어주어 감사할 따름이었다. 학기가 끝나는 때에 원한다면 한 번 더 학교생활과 학업 성취도를 리뷰해 줄 수 있다고도 했다.

미국에서는 교사를 우리나라처럼 '스승의 은혜는 하늘과 같아서'처럼 대우하지는 않는다. 그래도 온종일 내 아이의 교육을 담당하는 중요한 분이라는 사실은 변함이 없다. 내내 감사한 마음이다. 존경심을 갖되 또 격의 없는 미국 스타일에 맞춰 선생님과 잘 소통하는 아이들이 되었으면 좋겠다는 생각을 하며 학교를 나왔다.

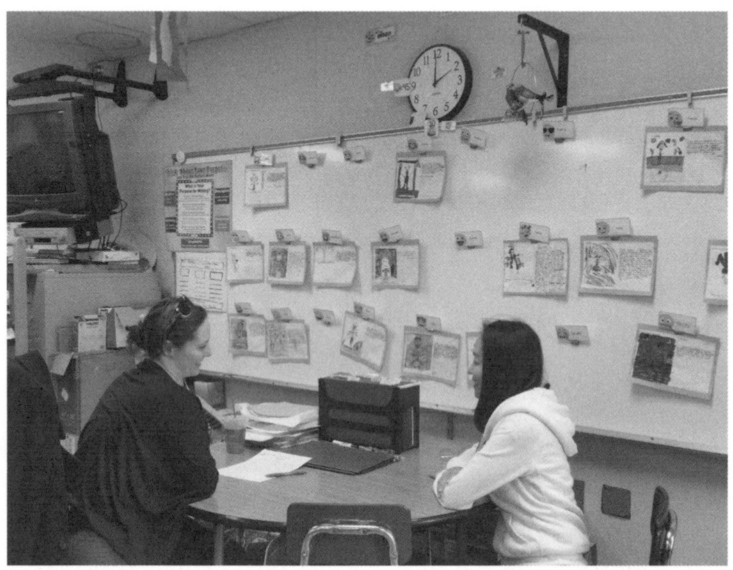

편안한 분위기에서 담임 선생님과의 대화

42

Fun Run 기부 행사 & 각종 기부금 모금 행사들

미국의 초등학교에서 기부금을 모금하는 방법은 여러 가지가 있다.

1. 기부금 모금 신청서(한 아이당 최소 600불 이상 하도록 권장, 강제성은 없으나 대체로 하는 분위기였다)

한 반마다 목표 금액을 달성할 수 있도록 교장 선생님도 독려하는 모금이다. 목표를 달성하면 학교에서는 담임 선생님에게 모금 액수에 따라 소정의 기프트 카드를 보상으로 제공한다. 모금이 모두 완료되면 달성 금액에 따르는 기념품을 각 가정에 선물로 보내 준다.

1,000불 이상 기부하는 아이는 수업이 시작하기 전에 다 같이 박수를 쳐 준다고 한다. 우리네 정서로는 어떻게 이런 일이 싶기도 한데 기부하면 그만큼 알아주는 문화가 자리 잡고 있으니 학부모들도 적극적으로 참여하는 것 같다. 물론 알아주지 않아도 아이의 교육을 위해 기부하는 일에 대해 당연한 문화로 인식하고 있다.

2. 푸드 트럭

한 달에 한 번 마지막 주 금요일에 네다섯 대의 푸드 트럭이 와서 음식을 판매하고, 아이들과 학부모들이 음식을 사 먹으며 함께 어울리는 시간을 갖는다. 판매금액의 일정 부분이 학교에 기부된다.

3. 지역 레스토랑 연계

집 근처 몇 군데 레스토랑 초대장이 아이들 폴더에 가끔 들어 있다. 초대장을 들고 그 레스토랑에서 식사를 하면 학교로 기부금이 들어온다.

4. 박스 팁(Box Tip)

우리나라로 치면 캐쉬백Cashbag처럼 물건에 붙어 있는 1센트짜리 박스 팁Box tip을 모아서 선생님에게 제출한다. 그걸 돈으로 환산해 학교 재정에 보탠다고 한다.

5. 쇼핑(Shopping)

쇼핑할 때 사이트를 경유해 학교 이름을 입력하고 물건을 사면 내가 결제한 금액의 일정 부분이 학교에 기부된다. 이베이츠Ebates 같은 경유 사이트를 이용해 쇼핑하면 적립금을 주는 것과 같다. 우리나라에서도 모교 대학 홈페이지에 접속해서 배너를 눌러 이마트나 GS홈쇼핑 같은 데 들어가 쇼핑을 하면 학교 측으로 적립금이 쌓이는 걸 봤었다.

6. 펀 런(Fun Run)

이 행사는 미국 학기제로 2학기인 3월에 한다. 학기 초에 이어 다시금 후원금을 모금하는 큰 행사인데, 후원한 액수에 따라 아이들에게 선물을 차등하여 준다. 아이들이 큰 선물을 받고 싶다고 애원하여 후원하게 되는 기부 행사 중 하나다.

7. 아이스크림 트럭

매주 수요일과 금요일에는 방과 후에 운동장에서 아이스크림을 판다. 코스트코에서 대용량 아이스크림을 사와 아이들에게 하나에 1달러씩에 판다. 아이들이 줄을 서서 사 먹을 정도로 인기인데 티끌 모아 태산이라고 모이면 꽤 많은 금액이 될 것 같다. 판매하는 사람도 모두 학부모 자원 봉사자들이다.

8. 이웃 돌보기 기부

강아지와 고양이들을 위한 음식, 캔 등을 모은 적도 있었고 노숙자들을 위한 헌 신발을 모으기도 했었다. 구체적으로 상표나 무늬가 화려하지 않은 어른용 기본 흰색 양말을 한 켤레씩 기부해달라는 안내문이 오기도 했다. 핼러윈 때 코스튬 중에서도 작아서 입을 수 없는 옷이나 쓰지 않는 액세서리를 기부 받아 다시 올해 핼러윈을 준비하는 아이들에게 팔기도 했다. 수익금은 학교에 보탰다.

9. 기타

복사기에 있는 잉크 카트리지 다 쓴 걸 학교에 보내면 이걸 모아서 재활용하는 것인지 재정에 도움이 된다고 한다.

미국에 와서 여러 가지를 느끼고 깨닫는 와중에 가장 기억에 남는 것은 기부문화에 관한 것이었다. 처음 입학 서류를 쓰는데 한 아이당 600불씩 기부를 하면 학교 재정이 큰 도움이 된다는 안내문과 신청서가 동봉되어 있었다.

미국 공립학교는 주 정부의 지원이 있지만 그 규모가 작아서 학교 자체적으로 기부금을 받아 충당하는 것이 일반적이고, 100일 계획을 세워서 새 학기가 시작하고 100일 안에 목표를 달성하겠다고 공지한다. 지속해서 부모들의 참여를 권장하고 관련 행사가 열린다. 교장 선생님의 역량이 기부금액의 목표 달성으로 평가받기도 한다.

이렇게 부지런히 모은 기부금으로 아이들 오케스트라도 운영하고, 방과 후 교실, 컴퓨터실도 운영할 수 있다. 캘리포니아 주정부의 재정이 감소함에 따라 가장 먼저 한 일이 스쿨버스를 없앤 일이라고 한다. 지금은 학교에 행사가 있을 때만 스쿨버스를 빌려서 탈 수 있고, 아이들은 모두 학교에 걸어서 오거나 부모님의 차를 이용해야 한다.

지금 아이가 다니는 학교는 재정 면에서 큰 어려움은 없는 것 같으나 교장 선생님은 늘 기부를 독려해야 하고, 학부모들은 끊임없이 기부를 요구받아야 하니 때로는 그것도 참, 서로 힘든 일이 아닌가 싶다.

43

미국 초등학교 영재반 테스트를 보다

미국에 오기 10개월 전, 아이들의 영어 실력이 미국에서의 생활의 질을 보장한다고 판단하여 나름 열심히 가르쳤으나 쉽지는 않았다. 첫째, 영어 유치원에 보내지 않았다. 둘째, 유명 영어 전집을 사 주지도 방문수업을 받지도 않았다.

정말 사고 싶어 구매 직전 단계까지 가는 과정을 수차례 반복했던 ORT Oxford Reading Tree 도 너무 비싸서 결국 도서관에서 빌려 읽었다. 솔직히 말하자면 모두 엄마표 영어로 진행해야 하는 게 부담스럽기도 했다.

아이가 다니는 학교에서는 입학 후에 Grade 2, Grade 5에 OLSAT Otis-Lennon School Ability Test 라는 시험을 보는데 큰아이가 3월에

응시했었다.

성적표를 보니 결과가 생각보다 괜찮아서 만족스러웠다. 그런데 나중에 이 시험의 성적을 바탕으로 3학년 때는 기프트 케어 Gifted Care를 받는다는 사실을 알게 되었다.

중학교에 갈 때 매그넷 스쿨Magnet School이라는 특성화 대안학교나 영재학교에 가려면 이 점수를 잘 받아야 하므로 미리 관련 학원에 다니며 준비하기도 하는 시험이었다. 아이가 이렇게 중요한 시험을 보는 것인지 잘 몰랐기에 좀 더 대비를 해 주지 못한 점이 아쉬웠다.

혹시 아이가 이 연령대에 해당한다면 좀 더 신경 써서 보면 좋을 것 같다. 이 점수는 차후 한국에서 국제학교나 외국인학교를 지원할 때도 포트폴리오 자료로 쓸 수 있다. 미국에 단기로 오더라도 시험에서 좋은 성과를 얻어 특성화 프로그램으로 아이가 공부할 수 있다면 좋은 경험 아닐까.

이를 위해 한국에서부터 관련 학습서를 찾아볼 필요는 없지만 이런 시험이 있다는 것만 미리 알고 있어도 준비할 수 있을 것이다. 다른 주에서 살다 온 지인은 이전 학교에서는 3학년, 5학년 때 시험을 봤다고 하니 미국 내에서도 지역 차가 있다는 점을 살펴봐야 한다.

아래는 참고할 만한 기사, 미주 중앙일보 〈게이트 프로그램에 입학하려면〉의 전문이다.

초등학교에 입학할 때 치러야 하는 시험이 어디 영어 능력 시험뿐일까? 고등학생 자녀를 둔 학부모들은 벌써 잊어 버렸는지 모르지만 초등학교에 입학할 때 치르는 시험으로 영재 시험을 빼놓을 수 없다.

교육심리전문가가 함께 참석하는 IQ시험, 오티스-레넌 학교능력테스트Othis-Lennon School Ability Test 또는 내글리에리비 언어능력시험Naglieri Nonverbal Ability Test·NNAT을 치러 높은 점수를 받고 통과하거나 교사의 추천을 받으면 '게이트Gifted and Talented Education, GATE'로 불리는 영재반에 들어갈 수 있다. 게이트는 태어나면서부터 천재성이 있거나 일반 학생들보다 유독 학습능력이 탁월한 학생들이 우수한 교육을 받을 수 있도록 지원하는 프로그램이다.

• OLSAT: LA통합교육구LAUSD에서 요구하고 있다. 이 시험은 언어나 경제, 문화적 배경 등과 상관없이 누구나 응시할 수 있다. 시험은 4개로 나눠 진행된다.

- 언어이해Verbal Comprehension: 언어의 이해도를 측정. 유사 단어나 차이점, 반대말 등을 평가
- 언어추리Verbal Reasoning: 언어를 사용하고 추론하고 적용하는 내용을 평가
- 형상추리Pictorial Reasoning: 그림을 보고 추리하고 판단하는 능력을 평가
- 수식추리Figural Reasoning: 기하학적 도형을 추론하는 과정을 평가

- NNAT: 언어는 전혀 나오지 않고 오직 도형과 그림을 보고 추리하고 판단하는 두뇌 능력을 시험한다. LAUSD를 제외한 다른 교육구에서 많이 사용하고 있다.

시험 대상자와 시험 일정은 각 교육구마다 다르다. LAUSD의 경우 모든 2학년생을 대상으로 OLSAT을 치르도록 한다. 단, 이미 영재능력 평가를 받은 학생이나 영재로 분류돼 있다면 시험 대상에서 제외된다. 반면 어바인교육구IUSD의 경우 OLSAT 대신에 NNAT 시험을 요구한다. 게이트 프로그램 대상도 3학년부터 7학년까지 가능하다. 따라서 거주지 인근 학교나 교육구에 관련 규정을 문의해야 한다.

LAUSD는 2학년 때 치르는 OLSAT 시험 결과를 토대로 게이트 프로그램 대상자 여부가 분류된다. 2학년에 시험에 패스하지 못했어도 3학년 때 실시하는 주 학력평가시험SBAC에서 90% 이상의 점수를 받을 경우 게이트 프로그램에 들어갈 수 있다.
이 외에도 5학년 이상은 영어나 수학 등 특정 과목의 학력평가시험SBAC 점수가 2년 이상 꾸준히 최상위권을 유지한다면 학업 능력을 인정받아 게이트 프로그램에 입학할 수 있다.

가깝게 지내던 엄마에게서 영재반에 들어간 아이 점수대가 몇 점 이상이었는지 들을 수 있었다. 80점 이상을 받아야 했다는 말에 우리 아이의 점수가 그래도 꽤 괜찮았다는 생각이 들었다.

1년도 안 됐는데 미국 아이들과 경쟁해서 영재반에 입학하기를 바라는 것은 엄마의 지나친 욕심이다. 책 한 줄도 겨우 읽던 아이가 이 정도 성취를 일군 것만으로도 충분히 잘한 거라고 칭찬하고 싶다. Good Job!

44

스프링 픽처 데이

지난번 픽처 데이 때 실수를 만회할 기회가 생겼다. 학교에서 봄 증명사진을 찍는다는 것이다.

이번에는 단체 사진은 찍지 않고 원하는 아이들만 증명사진을 찍어 주고, 그 사진으로 책갈피나 도어사인Door Sign 등 아기자기한 소품으로 활용할 수 있도록 옵션이 추가된 게 특징이었다.

아이에게 "옷도 예쁘게 입고 신경 써야 하고 돈도 또 줘야 하는데 찍을까 말까? 어떻게 생각해?"라고 물었다.

"음, 근데 내 생각에는 찍는 게 좋은 것 같아. 우리 내년 봄에는 미국에 없잖아. 내년 학기 초에 찍는 증명사진은 한 번 더 찍을 수 있지만 스프링 픽처는 이번 한 번밖에 기회가 없으니까 찍는 게 좋을 것 같은데?"

아이의 말에 설득당한 나는 그렇게 하자고 한 뒤 어떻게 옷을 입고 가면 좋을지 고심했다. 옷장 앞에서 이 옷 저 옷 코디를 해보다가 작년 여름에 사촌 언니가 아이에게 만들어준 원피스를 입히기로 했다. 초록색과 빨간색이 어우러져 봄 느낌도 물씬 나고, 둘째도 그와 비슷한 세트 옷이 있어 둘 다 비슷한 분위기로 입히기로 했다.

사진 찍은 날 집에 돌아온 아이에게 "사진 잘 찍었어? 어땠어? 다른 애들도 많이 찍었어?" 하고 물으니 아이와 다른 한 명만 찍었다고 한다. 거의 아무도 찍지 않는 걸 괜히 돈만 버렸나 싶었는데 며칠 후에 아이들이 학교에서 받아 온 사진을 본 나는 함박웃음을 지었다.

"안 찍었으면 후회할 뻔했네!" 지난 실수를 만회하고도 남을 정도로 사진이 잘 나온 것이다.

매년 찍는 증명사진과 다르게 이번에는 배경을 알록달록하게 꾸며 놓았다. 마침 아이들이 입고 간 옷과 너무도 잘 어울리는 초록색이었다.

"우리 민이 말한 대로 한 번뿐인 스프링 픽처 찍기 너무 잘한 것 같아. 사진 정말 잘 나왔다."

"그렇지? 잘 나왔지?"

헤헤 웃는 아이 모습에 다시 웃음 지었다. 아무래도 신청한 아이가 몇 안 되다 보니 공들여 찍어 준 것 같았다. 이로써 첫 픽처 데이의 미안함과 죄책감을 훌훌 날려 버렸다. 어여쁜 아이들의 사진을 종일 들여다보며 행복함에 웃음 지은 스프링 픽처 데이였다.

45

기념일 다음 날 마트 가기

미국에는 각종 기념일이 매달 이어진다. 1년 내내 기념일을 챙기며 즐기다 보면 한 해가 다 지나갈 정도다. 미국 문화를 조금이라도 더 느껴 보고 싶을 때 가장 손쉬운 방법은 바로 마트 구경하기다.

기념일 시즌에 마트에 들르면 각양각색의 기념품이 얼마나 많은지. 소비의 나라답게 싸고 좋은 물건이 널렸다. 때론 이렇게 많은 물건이 팔리기는 하는지 궁금하고, 이게 다 환경을 오염시키는 주범일 텐데 나도 동참하고 있다는 생각에 찔리기도 하고 걱정스러울 때도 있다.

어찌 됐든 포인트는 기념일 다음 날 마트에 가면 모든 물건이

50% 이상 할인한다는 것이다. 딱 기념일 당일이 아니어도 상관없다면 조금 뒷북을 쳐도 좋을 것 같다. 이스터 홀리데이Easter Holiday 다음 날에는 마트에 가서 부활절 달걀 만들기를 할 수 있는 키트Kit를 사왔다. 아이들과 함께 달걀을 삶고 염색한 물에 달걀을 물들였다. 엄마표 미술 놀이다. 부활절의 의미도 설명해 주고 다양한 얘기를 나눌 수 있어 좋았다.

핼러윈이 끝난 다음 날에도 할인 행사를 하는데, 미국의 알뜰한 엄마들은 내년 핼러윈 때 입을 옷을 이때 미리 마련하기도 한다. 물론 아이가 원하는 스타일이 아닐 수도 있고, 1년 사이에 아이가 훌쩍 클 수도 있다. 메인 의상은 내년에 사더라도 장난감이라고 생각하면 한 벌쯤 기분 좋게 쇼핑을 할 수도 있다. 가격이 워낙 저렴하기 때문이다.

바로 다음 날에는 50% 할인을 하고 하루 이틀이 지나 재고가 부족해지면 70%로 할인 폭이 커진다. 남은 재고를 다 털어 내기 위해 90%까지 할인 폭이 커지면 그야말로 그때는 마트의 할인코너가 폭탄을 맞은 것처럼 초토화된다.

나도 90% 세일 때 마트의 핼러윈 코너에 들렀는데 텅텅 빈 매대에서 〈스타워즈〉의 스톰 트루퍼와 다스 베이더 의상을 각각 3불, 4불을 주고 구입했다.

마침 〈스타워즈〉 영화와 책에 심취해 있던 두 아이가 원했던 의상이라 정말 싼 가격에 이름하야 '득템'을 한 것이다. 핼러윈 포장용기와 초콜릿도 건지고 기분 좋게 마트를 나왔다.

마트마다 70% 할인 시에 물건이 동이 나는 경우도 있고 90%까지 가도 물건이 남아 있을 수도 있는데 그건 상황에 따라 또 지역에 따라 다른 것 같다. 기념일 이후 마트 가기는 미국 쇼핑에서 쏠쏠한 재미를 준다.

46

소풍에 따라가다

가을을 맞이하여 큰아이 반에서 첫 번째 필드 트립Field Trip을 다녀왔다. 아침 8시 30분에 스쿨버스를 타고 출발하여 점심 때 돌아오는 일정이었다. 아이는 너무 재미있는 곳이었다며 다음에 또 가고 싶다고 했다.

미국의 필드 트립에는 학부모도 참여할 수 있다. 한국에서 학교를 다닌 건 6개월밖에 안 되어서 잘은 모르지만 한국도 저학년 자녀의 소풍에는 엄마들이 따라가는 경우도 있다. 여기서도 마찬가지다. 아이들을 선생님 혼자서 통제하기 어려우니 학부모가 따라가서 아이들이 무리에서 이탈하지 않도록 하고, 활동 때는 도와주기도 하는 일종의 자원 봉사 개념이다.

소풍 전에 집으로 오는 안내문에 아예 학부모의 참여를 권장하고 공개적으로 자원 봉사를 모집한다. 나도 가볼까 했지만 마음을 접었다. 필드 트립까지 따라나서기엔 용기가 부족했다. 미국 엄마들과 한 차에 같이 타고 가면서 무슨 얘기를 해야 할지 막막했다. 이럴 때는 영어 못하는 엄마, 아니 영어 못해도 친화력 좋고 성격 쿨한 엄마가 아닌 것이 아이에게 미안하다.

어찌됐든 소풍 다녀와서 재잘거리는 아이를 보니 소풍은 어디를 가도 즐거운 추억이 되는가 보다. 아이는 프리 패밀리 패스Free Family Pass도 받아 왔다. 다음번에 가족 다 같이 가면 좋겠다는 아이의 마음이 예뻤다.

둘째의 소풍이 다가오자 아이들이 어려서 그런지 엄마들이 함께 와 주기를 바라는 선생님들이 많았다. 담임 선생님은 강요하지는 않았는데 다른 선생님들은 전날에 일일이 엄마들 조까지 짜 주면서 아이들 케어를 부탁했다고 한다.

이번에는 나도 따라나서기로 마음먹었다. 아이들은 스쿨버스를 타고 가고 부모들은 다른 사람들과 카풀을 해서 따라간다. 다행히 큰아이 때와는 다르게 둘째네 반에는 한국 엄마들이 더 많이 있는데다 두 분이 간다고 하여 그 차로 함께 가기로 했다.

소풍 날 아이들은 학교 티셔츠 또는 같은 색의 티셔츠를 맞춰 입고 등교한다. 목에는 이름표를 건다. 점심 도시락은 이날만 특별히 일회용으로 싸 달라고 전달받았다. 돌아올 때 아이들이 농장에서 딴 딸기만 담아 오려는 목적이다.

학교에서 40~50분여를 달려 농장에 도착했다. 생각보다 먼 거리였는데 보통 미국에서 이 정도면 가까운 거리라고 본다. 캘리포니아에 위치한 농장이라고 들었을 때부터 상상만으로도 그 규모가 크게 느껴졌는데 실제 와 보니 정말 어마어마하게 컸다. 예전에 2시간, 3시간을 달려도 계속 오렌지 농장만 펼쳐져 있어서 놀랐던 기억이 났다.

농장에 도착해서 보니 다른 학교에서도 많이들 왔다. 딸기를 따는 위치는 학교별로 분산시키기 때문에 아이들이 섞이거나 잃어버릴 일은 없었다. 놀이 시설이나 체험 시설도 많았다. 조그만 왜건도 농장에서 무료로 빌려준다. 놀러온 엄마와 아이들이 직접 과일과 채소 등을 따가지고 가는 모습도 보였다.

농장 입구에는 작은 마트가 있어서 직접 농장에서 키운 농산물을 살 수도 있었다. 이뿐만 아니라 가을에는 호박, 겨울에는 크리스마스트리도 직접 골라 살 수 있었다. 농산물들 가격도 괜찮고, 맛도 좋다며 다른 엄마들이 추천해 줘서 바나나와 파프리카 등 몇 가지를 샀다. 아주 싱싱했다. 신선하다 못해 살아 있는 느낌이 들 정도였다.

아이들은 각자 딸기 한 팩씩을 채워서 가져왔다. 아이들 입장료는 학교에서 내주지만 엄마들은 입장료 $8를 내고 들어가야 한다. 엄마들에게도 딸기 팩 하나씩을 주고, $2을 추가하면 팩을 하나 더 준다. 10불에 딸기 두 팩이면 가격이 괜찮은 편이고, 아이도 딸기를 더 따고 싶다고 하여 추가로 팩을 샀다.

정말 맛있었다. 미국의 마트에서는 이렇게 신선한 딸기를 찾아보기가 힘들었다. 일요일에 지역에서 열리는 농산물 직판장Farmer's Market 같은 곳에 가야 새빨갛게 잘 익은 딸기를 볼 수 있었다. 미국에서는 우리나라보다 음식이 쉽게 상하는 걸 느꼈는데 아마 농약과 방부제의 사용이 적은 편이라 그런 게 아닐까 짐작해 본다.

아이들이 밥 먹을 때나 화장실 갈 때, 딸기를 딸 때만 도와주고, 그 외에는 사진을 찍어 주며 함께 놀러 나온 것처럼 즐거운 시간을 보냈다. 함께 간 엄마들과도 좋은 추억을 만들었다. 이동시간이 좀 길고, 아이들 통제가 어려워서 딸기밭을 벗어나서 다른 쪽으로 가 보지는 못했다. 둘째는 다음번에 누나랑 아빠랑 한 번 더 오자고 했다. 홈페이지에 보니 다른 행사들도 많아서 핼러윈 즈음에 호박을 따러Pumpkin Patch 방문하면 좋을 것 같았다.

47

청소년을 위한 YallWest 북 페스티벌

예전에 한 블로그에서 Yallwest 북 페스티벌에 다녀왔다는 글을 보고, 나도 나중에 미국에 가면 꼭 한번 가 보고 싶다고 생각했다. 이맘때쯤이었는데 하며 찾아보니 바로 일주일을 앞두고 있었다. 작년에는 금, 토, 일 3일간 열렸는데 이번에는 금, 토 이틀간 진행됐다. 금요일에는 산타모니카 도서관에서 전야제를 하고 토요일에는 산타모니카 고등학교에서 본 행사가 열렸다.

솔직히 어떤 행사인지 잘 모르고 아이들 책도 있을까 하는 마음으로 갔는데 아주 새로운 경험이었다. 청소년들을 대상으로 하는 책들이 즐비했고, 관람객 대부분이 중고등학생이었기 때문이다. 우리나라도 청소년 대상 도서전이 이렇게 큰 행사로 열릴 만한 수

요와 공급이 되는지 궁금했다. 우리나라 청소년들은 입시에 얽매여 책 읽을 시간이 너무 없는 것 같아 안타까울 뿐이다.

100여 명이 넘는 작가들이 참여해 사인회도 하고, 강연도 하고, 작가와 문답하는 코너도 마련되어 있었다. 다양한 이벤트가 있어서 책을 좋아하는 학생들이라면 아주 좋아할 만한 행사였다. 한쪽 편에서는 기념 티셔츠와 모자, 가방, 물병 등을 팔고 있었다. 부스마다 스티커나 책갈피 등을 나눠 주기도 했다. 할리퀸 소설 부스도 있었다. 나도 고등학교 때 할리퀸 소설을 좋아했었는데… 잠시 추억에 빠지기도 했다.

메인 운동장에서는 책을 그야말로 대충 쌓아 놓고 팔고 있었지만 신기하게도 사람들은 그 가운데서 자기가 원하는 책을 척척 골라 계산대로 가져갔다. 이런 허술한 판매 텐트를 세워 놓고 책을 팔다니 신기한 풍경이었다.

캐리어까지 동원해서 책을 사 가는 청소년들의 모습이 신선했다. 가방 안을 가득 채운 책들을 읽을 생각에 설레지 않았을까? 그 모습을 보며 우리 아이도 책을 좋아하는 아이로 자라나기를 소망했다.

두리번거리다가 줄이 길게 늘어서 있는 곳을 구경해 보니 'Your one and only HMH' 라는 이름이 붙은 부스로 내년 1월에 정식 출간될 책을 증정하고 있었다.

어린이, 청소년, 학부모가 함께 즐기는 축제 현장

규모가 큰 출판사인지 수백 권도 넘는 책을 나눠 주는 통 큰 모습이었다. 전날 큰아이에게 읽으라며 『해리 포터』 시리즈를 준 옆집 중학생 비아가 떠올라서 이날 받은 책은 비아에게 선물로 줬다. 그러자 비아는 고맙다며 큰아이가 읽을 만한 책 한 권을 또 줬다. 『레모네이드 전쟁The Lemonade War』. 오고 가는 책 속에 싹 트는 정이 충만했다.

48

인터내셔널 푸드 페스티벌

학교에서 열리는 가장 큰 행사 두 가지는 핼러윈과 인터내셔널 푸드 페스티벌International Food Festival이다. 아이가 다니는 학교는 UCLA 산하 가족 기숙사에 살고 있는 전 세계 25개국에서 온 아이들이 다녔다. 다양한 나라의 아이들과 함께 하기 때문에 학교에서도 특별히 다문화를 이해하고 서로를 존중하도록 하기 위해 매년 이 행사를 연다.

이맘때엔 한국 엄마들 사이에서 단체 대화방이 열리기도 한다. 한국관 음식이 매년 인기가 많아 제대로 준비하기 위해서다. 기부금 모금에 일등공신이기도 하여 교장 선생님부터 기대감을 내비친다. 엄마들 모두 땀나도록 열심히 음식을 만들고 자원 봉사하는

다 같이 만들어 가는 축제다.

지역사회의 참여도 있다. 주변에 있는 태권도 학원, 댄스 학원 등에 다니는 학생들이 멋진 공연을 펼쳤다. 공연이 끝나고 학원 정보에 대해 문의하면 홍보물을 준다. 학원 홍보도 하고 행사도 더욱 풍성하게 해 주니 학교나 학원에게 모두 좋은 방법이다.

아이들이 삼삼오오 모여 준비한 공연을 했다. 각 나라별 특색을 살린 공연이었다. 인도 아이들과 일본 아이들이 함께 한 전통춤, 미국 팀은 댄스, 프랑스 친구들은 샹송, 아프리카 엄마의 전통악기 공연, 이탈리아 친구의 영화 〈모아나〉 주제가 열창 등 다채로운 공연들이었다. 나무마다 아이들이 직접 그린 국기들로 가랜드Garland를 만들어 장식했는데 무지개처럼 예뻤다.

푸드 코트도 구경하는 재미가 있었다. 타이완, 인도, 라틴 아메리카, 아프리카, 유럽, 한국관이 있었다. 한국 음식은 불고기, 김밥, 잡채, 밥, 김치, 맛탕, 식혜 등을 준비했는데 단연 인기 최고였다. 한복을 입고 온 엄마도 있어서 분위기가 더욱 좋았다.

음식을 먹으려면 패스포트Passport가 필요했다. 패스포트 한 장에 10불이고, 5번 음식을 받아 갈 수 있었다. 판매 부스에는 패스포트를 체크하는 사람, 음식을 주는 사람, 메뉴를 소개하는 사람 등 많은 인원이 필요했다. 엄마들의 자원 봉사가 제대로 빛을 발하는 때였다.

여러 가지 음식을 맛보니 금방 배가 불러 한적한 장소에 앉아 계속 이어지는 아이들의 공연을 봤다. 문득 주변 풍경이 눈에 들어왔다. 아이들의 공연, 다양한 국적의 엄마들이 모여 있는 유쾌한 축제의 현장에 내가 있었다. 한국이라는 우물을 벗어나 더 넓은 세상에 뛰어든 것 같다는 생각도 들었다. 사실 여기서는 영어의 실력과 상관없이 누구나 당당하고 자유로웠다. 순간 나도 자신감 있게 삶을 살아가야겠다는 다짐을 했다.

저녁을 해결하고 축제를 한참 더 즐긴 후 집으로 돌아가는 길, 문득 뒤돌아보니 학교가 흡사 야시장처럼 뜨거운 열기가 가득했다.

49

초등학교 오픈 하우스 행사

학교에서 오픈 하우스Open House 행사가 열렸다. 한 학년이 끝날 때쯤 그동안 아이들이 했던 활동들을 전시해서 학부모가 한눈에 볼 수 있도록 꾸민 자리다. 프로젝트 수업으로 몇 달에 걸쳐 진행했던 '위대한 인물 알아보기', '나의 뿌리 살펴보기' 두 가지가 메인으로 전시되어 있었고, 다른 활동 결과물도 교실을 꽉 채우고 있었다. 전시의 주인공인 아이들도 뿌듯한 얼굴로 부모님에게 자랑하고 설명하느라 교실은 왁자지껄했다. 우리 아이는 친구와 공동 작업한 작품을 가리키며 물고기는 자기가 만들었다고 으쓱했다.

교실 바깥 창문에 '자신이 생각하는 나에 대해 쓰기'가 붙어 있었다. 나도 큰아이가 쓴 내용을 찬찬히 읽어 보니 자신감이 느껴졌다. 다행이었다. 영어 때문에 주눅 들고 자신의 생각이나 감정을 마음껏 표현하지 못하면 어떡하나 걱정했는데 아이들의 적응력은 어른들의 예상을 넘어선다. 친절하게 대해 준 반 친구 모두에게도 고마웠다.

벽 한쪽에 붙어 있는 교실 규칙Class Rules이 인상 깊었다. 그중에서도 중요한 골든 룰Golden Rule은 '남이 나에게 해 주었으면 하는 대로 대해 줘라'였다. 멋진 룰이다.

오픈 하우스 행사에 갔을 때 중요한 포인트는 우리 아이 반만 구경하면 안 된다는 것이다. 여름이 지나고 다음 학년에 아이가 가게 될 반을 미리 가 보는 것이 이 행사의 핵심이다. 미국은 작년 1학년 선생님이 내년에도 그대로 1학년을 맡는 일이 대부분이다.

그래서 교실도 변동되지 않고, 그 선생님 취향과 성격대로 교실이 꾸며진다. 자료와 책, 교구들도 선생님 소유가 많다. 큰아이의 담임 선생님은 학기 초에 STEM 수업 관련해서 과학기자재가 필요해 학부모들에게 기부를 받았는데, 그 기자재도 모두 선생님이 다른 학년으로 이동하면 함께 가져가는 것이 된다.

그래서 내년에 아이들이 진급할 학년의 반으로 구경을 갔다. 미국은 1, 3, 5학년에 교과 난이도가 갑자기 어려워진다는 이야기를 들었다. 역시나 3학년 교실에서 학생들이 쓴 에세이를 보니 그 말이 맞구나 싶었다. 2학년과 확실히 달랐다. 자신의 의견을 조리 있게 한가득 적어야 한다. 활동 파일도 열어 봤더니 대체로 에세이

쓰기가 많았다. 쓰기 교육을 중요시하는 미국 교육의 모습을 볼 수 있었다. 3학년 교실은 4반이었는데 어딜 가나 빽빽한 에세이와 글 모음이 가득했다.

컴퓨터실에도 들어가 봤다. 일주일에 한 번 컴퓨터 수업 시간이 있는데 선생님이 재미있는 분이라 아이들이 좋아한다. 컴퓨터실에 있는 컴퓨터는 모두 애플사의 아이맥이었다. 그러고 보니 학교에서 노트북이나 디지털 기기를 많이 활용하는 것 같았다. 둘째의 담임 선생님도 아이패드로 아이들의 출석을 체크하기도 했다.

『무엇이 이 나라 학생들을 똑똑하게 만드는가』라는 책에서 미국은 교실 기자재 갖추는 일에만 열을 올리고 있다며 비난하는 목소리가 들어 있었는데 실제로 좋은 디지털 환경을 갖춰 놓은 교실을 보니 나쁘지 않은 것 같았다.

방과 후 아트 클래스가 열리는 교실에서는 학부모들이 각 반 교실을 구경하는 동안 아이들이 심심해하지 않도록 미술 교실을 운영하고 있었다. 바깥에는 아이들이 옹기종기 모여 분필로 바닥에 그림을 그리고 있었다. '그동안 다들 열심히 했구나' 흐뭇한 마음이 들었다. 내년에 좋은 선생님 만나서 잘 배우고 멋지게 마무리해야겠다는 생각이 들었다.

50

생일 축하는 컵케이크로

미국 초등학교에서는 생일날이 되면 쉬는 시간에 다 같이 생일 축하 노래를 부르고 컵케이크를 나눠 먹는 시간을 갖는다고 한다. 아이 생일이 다가와서 어떻게 준비하면 좋겠는지 선생님에게 조언을 구하니 아주 간단하게 해 달라고 했다.

학부모들 중에 풍선으로 장식도 하고, 집에서 케이크를 만들거나 사 와서 촛불 불기까지 하는 분들도 있는데, 쉬는 시간이 짧아서 아이들이 케이크를 채 먹기도 전에 끝나 버리는 경우가 태반이라고 했다. 그사이에 논다고 뛰어나가는 애들도 있어서 양이 많이 남으니 간단히 하면 좋겠다고 거듭 강조했다.

알았다고 대답하니 이렇게 미리 물어보고 날짜를 상의하는 엄마도 별로 없다는 하소연을 덧붙였다. 아이 생일날 갑자기 학교에 방문하여 준비한 케이크와 음식을 꺼내 놓는 학부모도 있어 난감했다고 한다. 생일 일주일 전쯤에 담임 선생님과 날짜와 시간, 장소를 한 번 더 확인하면 좋을 것 같다.

아이에게 물으니 컵케이크는 미니 사이즈, 음료는 아무거나 좋다고 대답했다. 일회용 접시를 준비해야 할까 고민하니 그냥 냅킨 한 장 깔고 먹어도 된다고 하여 그렇게 하기로 했다. 코스트코에 가서 미니 컵케이크 40개들이 한 박스, 카프리썬 40개 한 박스, 다이소에서 냅킨을 사서 학교로 향했다. 컵케이크는 아이들이 하나씩 더 먹겠다고 해서 동이 나고 음료수는 하나씩만 골라서 남은 것은 집에 가져왔다. 아주 간단하게 준비한 덕분인지 아이들이 오기 전에 미리 세팅을 다 할 수 있었다. 이런 적은 처음이라며 선생님이 "Perfect!"를 연달아 외쳤다.

선생님 말에 의하면 컵케이크 위에 크림이나 장식이 없는 게 좋은 선택이라고 한다. 그거 안 먹겠다고 닦아 내고 뱉어 버리는 아이들이 많다고. 깨끗하게 먹고 치울 수 있어서 좋았다. 다 같이 생일 축하 노래를 부르고 컵케이크를 한입에 꿀꺽 먹은 뒤 아이들은 남은 몇 분이라도 놀기 위해 운동장으로 내달렸다.

51

방과 후 수업

아이가 다녔던 학교는 스타 에듀케이션Star Education과 계약이 되어 있었고, 갤럭시Galaxy와 노바Nova로 프로그램을 구분하여 방과 후 교실을 운영했다. 갤럭시는 우리나라의 종일 돌봄 교실처럼 오후 6시까지 아이를 봐준다. 놀기도 하고 숙제도 하고 자체 커리큘럼으로 수업을 진행하기도 한다. 노바는 우리가 알고 있는 방과 후 수업과 같다. 일주일에 한 번, 1시간씩 주제에 맞는 수업을 한다. 요리, 마인드크래프트, 레고, 체육, 뮤지컬, 과학, 아트 클래스 등 다양한 과목이 있다. 우리 아이들은 3쿼터인 12월부터 갤럭시에 참여하기 시작했다.

우리보다 먼저 유학길에 올랐던 회사 선배와 방과 후 수업에 대해 이야기를 나눌 기회가 있었다. 선배는 얼마 안 되는 시간이라도 방과 후 수업이 가져다주는 이점들을 잘 파악하고 최대한 활용한다면 더 좋은 결과에 닿을 수 있을 거라 조언했다. 아이들이 친구들과 어울려 놀 수 있는 환경을 조성하는 것이 영어 실력 향상에서 무엇보다 중요하니 무조건 학교에 남겨서 친구와 놀게 하는 게 이롭다는 말도 덧붙였다.

그 얘기를 새겨듣고 작년 7월에 미국에 오자마자 방과 후 수업을 신청했다. 이미 대기자가 많아 5개월을 기다리다가 가까스로 자리가 생겨 3쿼터가 시작되는 12월에 겨우 들어갈 수 있었다. 큰 애도 방과 후에 친구들과 더 놀고 싶은 마음에 하고 싶다고 성화였던 프로그램이다. 확실히 아이들의 영어 실력이 그즈음부터 많이 좋아졌다. 친구들과 영어로 대화하며 어울리는 것, 선생님 지시를 이해하는 것에 대한 두려움이 어느 정도 사라지고 좀 더 안정적인 생활이 가능해졌다.

반면 엄마들 사이에서는 방과 후 수업에서 배우는 게 별로 없다는 의견도 있다. 아이를 학교에 오래 남겨 두는 것이 과연 좋은지 의문이라는 회의적인 시선도 있다. 다만 우리는 아이들이 자연스럽게 영어를 할 수 있는 환경을 최대한 활용하기 위해 선택한 방법이었고, 나는 만족스러웠다.

환불은 언제든지 가능하므로 우선 신청을 해 두고 자리가 나면 다녀 본 뒤에 그만둘지 말지 결정을 해도 된다. 일주일에 5일 모두 갈 수도 있고, 주 3일로 정할 수 있으므로 아이의 상태를 봐 가면서 조절하면 될 것 같다.

그런데 4쿼터에 접어들고 나서 둘째가 다니기 싫다고 투정을 부리기 시작하더니 큰애도 그만두었으면 좋겠다고 말했다. 어떻게 해야 할지 남편과 상의도 하고 아이들과 얘기도 나누면서 한참을 고민했다. 학교에서 너무 오랜 시간을 보내는 게 아이들에게 버거웠으리라.

둘 다 힘들어 하니 그만두는 게 맞다는 생각이 들면서도 아쉬움이 남았다. 지금 그만두면 대기자가 많아 나중에 다시 들어갈 수 있는 확률은 아주 낮았다. 우리처럼 짧게 있다가 돌아가는 단기 유학 가족 대부분은 방과 후 수업이 아이들 영어 향상에 큰 도움이 된다고 추천했다. 과연 아이들의 얘기를 다 들어주는 것이 진정 옳은 선택인 걸까 하는 고민이 이어졌다.

결국 아이들을 잘 달래서 12월까지 총 1년 동안 방과 후 수업 프로그램에 참여했다. 그만둘 고비도 있었지만 아이들이 원한다고 무조건 수용하는 게 능사는 아니다. 한국에서는 방학 때가 되면 많은 학생이 미국의 썸머 캠프나 스쿨링에 참여하곤 한다. 그렇게 하는 이유는 직접 현지에서 친구들과 지내며 영어를 배우는 것이 훨씬 도움이 되기 때문이다. 그 값진 경험을 위해서 짧게는 2주일이라도 아이 홀로 미국에 보내는 집도 많다.

현지에 머물면서 그 기회를 십분 활용하지 않는다면 어쩐지 너무 아깝다는 생각이 들었다. 결과적으로 영어 실력 향상에 방과 후 수업의 공이 컸다고 본다. 물론 아이들이 잘 협조하고, 이겨낸 덕분이다. 엄마가 집에 있으면서 아이들을 학교에 오래 있게 하는 것이 미안했던 순간도 많았다. 한국에서는 너무 바빠 얼굴 보기 힘들었던 아빠와 시간을 더 보낼 수 있도록 해야 하나 싶기도 했다.

그러나 평소에는 일상과 학교생활에 집중하고 가족 모두가 쉬는 주말을 퀄리티 타임Quality Time으로 정하여 함께 보내는 게 효율적이라 판단하였다. 다른 분들도 이 부분을 잘 고려하여 목적에 부합하는 결정을 내리면 좋겠다.

52

한복 만들기 자원 봉사

1년을 마무리하는 종업식에는 전 학년 아이들의 댄스 페스티벌이 열린다. 둘째가 다니는 K학년 아이들은 방탄소년단의 〈아리랑〉에 맞춰 춤을 추기로 했다. 선생님의 지휘 아래 음악에 맞춰 열심히 뛰어다니는 아이들 모습이 귀여웠다. 그 모습을 함께 구경하던 한국인 엄마가 아이들 무대 의상으로 한복을 입히면 어떻겠냐고 제안했다. 다들 좋다는 반응이었고 K학년 모두 한복 상의를 입기로 했다. 어쩐지 일이 조금 커진 느낌이었지만 엄마들은 기꺼이 한복 만들기에 참여했다.

반별로 한복 만들기 자원 봉사자를 모집했다. 한복이다 보니 자연히 한국 엄마들이 주도하여 만들게 됐다. 어느 반은 한국인 엄마가 없어서 외국 엄마들이 물어물어 한복을 만드느라 깨나 고생스러웠다는 웃지 못 할 얘기도 들렸다.

엄마들끼리 한복을 만들 장소가 필요하다는 말에 흔쾌히 우리 집으로 모이라고 했다. 남편도 마침 일이 있어 밤늦게 올 예정이었다. 아이들은 집 앞 놀이터에서 놀도록 하면 될 것 같았다. 오후 3시, 하굣길에 모두 우리 집에 모였다. 아이 6명과 엄마 4명, 총 10명의 식사로 짜장밥을 급하게 만들어 다 같이 먹었다.

한복 만들기에 돌입하기 전에 역할 분담을 했다. 처음 한복 만들기를 제안한 엄마가 디자이너여서 디자인은 미리 해 둔 상태였다. 그림 그리기, 재단, 가위질, 풀칠, 놀이터에서 아이들 돌보기로 분업을 했다. 본격적인 작업을 시작하고 나서 모두 전심을 다 했다.

3시부터 시작한 한복 만들기는 저녁 8시가 다 되어서야 끝이 보였다. 여아 11명, 남아 10명의 한복 상의를 모두 완성할 수 있었다. 거실에 늘어놓은 꼬까옷을 보니까 어찌나 신이 나던지. 비록 한지로 만든 종이옷이긴 했지만 아이들이 예쁘게 입고 춤을 선보일 생각을 하니 기대됐다. 다 같이 "역시 한국 아줌마는 못하는 게 없어!"를 외치며 기분 좋게 하이파이브를 했다.

사실 담임 선생님이 의상 준비가 늦어질까 걱정을 했었다. 바로 그 다음날 완성된 옷들을 가져가자 반색을 했다. 감사하게도 엄마들이 잘 화합하여 일을 단시간에 끝낼 수 있었다.

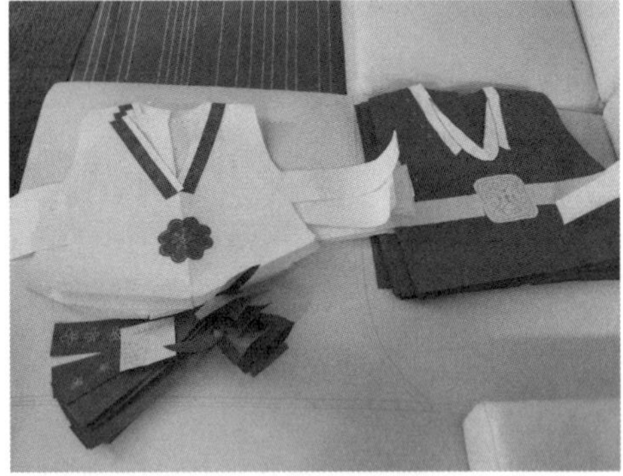

한복 만들기에 열중인 모습과 완성된 한복

훗날 종업식에 한복을 입고 사뭇 진지한 표정으로 춤을 추는 아이들을 보니 그렇게 뿌듯할 수가 없었다. 한국의 멋을 표현할 기회에 동참하게 되어 기뻤고, 잊지 못할 추억으로 남았다.

53

킨더 졸업식

둘째의 킨더 졸업식Culimination은 다 같이 노래를 합창하는 작은 행사로 열린다고 전달받았다. 그래서 아무 생각 없이 'K학년 졸업식'이라는 표현에도 평범한 종업식처럼 인식했다. 역시 무지한 엄마는 이번에도 부족함을 여실히 드러냈다. 미국에서는 K학년과 5학년 졸업식을 나름 큰 행사로 치는데, 그 사실을 모르던 나는 의상 준비에 실패한 것이다.

K학년은 계속 학교에 다니는 중인데 왜 굳이 졸업식이라는 의미를 부여하는 거지? 의아했는데 우리나라로 치면 K학년을 마치는 건 유치원을 졸업하는 것과 같다. 남자애는 정장에 넥타이나 보타이를 하고 여자애는 드레스를 입고 등장하며 학부모들은 잘

차려입고 아이들 졸업식을 보러 온다.

나는 지난번 픽처 데이 때처럼 그냥 깔끔하게 입으면 되겠다는 생각으로 둘째에게 남색 반바지에 흰 카라가 있는 티셔츠를 입혔다. 오래 입어서 약간은 꼬질꼬질하기도 한 빛바랜 흰색이었다. 당연히 구두는커녕 그 비슷한 신발 생각도 따로 하지 않았다. 아이들 틈에 둘째가 서 있는데 반바지를 입어서 운동화를 신은 게 더 돋보이는 것 같아 한숨이 나왔다.

"나 왜 이렇게 센스가 없지? 정보에 너무 어두운 엄마 같아. 속상해…."

멀리서 안쓰러운 눈빛으로 아들을 바라보며 남편에게 하소연을 했다.

아이들은 교장 선생님의 호명 하에 한 반씩 차례로 입장해 정해진 자리에 앉았다. 그동안 연습한 노래 3곡을 연달아 불렀다. 노래가 끝난 뒤, 각 반 담임 선생님이 아이들 앞에 섰다. 선생님이 한 명, 한 명 아이 이름을 부르면 앞으로 나가 선생님과 악수를 하고 자기 자리로 돌아왔다. 그렇게 모든 아이의 이름이 불리고, 선생님과 마지막 헤어짐의 인사를 나누며 행사는 끝이 났다. 간소했지만 감동적이었다.

학교에서 오다가다 선생님을 볼 수 있으니 영영 헤어지는 건 아니다. 1년 동안 영어도 못하는 아이를 이만큼 잘 적응하고 다닐 수 있게 도와준 선생님에게 감사했다. 교실로 돌아와서는 학부모들이 조금씩 십시일반으로 모은 돈으로 산 기프트 카드를 반 대표Room Mom엄마가 전달했다. 모두 박수를 치며 감사의 마음을 전했다.

포틀럭 파티 때처럼 피자와 몇 가지 음식들을 학부모들이 미리 준비해 교실 한쪽에 차려 놓았다. 음식을 맛보고 담소도 나누면서 사진도 많이 찍었다. 1년 동안 친하게 지냈던 친구들과도 기념 촬영을 했다. 벌써 한 해가 다 갔다니 믿기지 않았다.

킨더 졸업식에서 아이들이 부른 노래들이 참 좋아서 몇 곡을 소개하려고 한다. 이 또한 미국 문화를 엿볼 좋은 기회인 것 같다.

1. America the Beautiful

미국에서 국가 대신 쓰이기도 하는 노래라는데 정말 애국심이 막 솟는 듯한 울림이 있다. 미국은 전쟁 영웅을 특별히 칭송하는 나라다. 평생 먹고 살 수 있도록 국가 차원에서 책임지기도 한다. 이러한 미국의 인식을 곳곳에서 발견할 수 있다. 야구 경기장에서도 참전 군인이었던 머리가 하얗게 센 할아버지가 제복을 멋지게 차려입고 등장하여 환호를 받는다. 나라를 지키기 위해 힘쓴 사람들에 대한 존경과 경의를 표하는 시간이다.

UCLA에 가는 길에 자리한 국립묘지에 처음 갔을 때도 깜짝 놀랐다. 눈부신 햇살이 비치는 양지바른 알짜배기 땅에 수십만 개는 될 법한 참전 용사들의 묘비가 있었다. 이런 진풍경은 미국을 돌아다니면서 자주 볼 수 있다. 외따로 떨어져 있는 것이 아니라 언제든지 사람들이 그 의미를 기릴 수 있도록 좋은 길목에 있다.

워싱턴 링컨 메모리얼 파크Lincoln Memorial Park에는 한국전쟁에 참전했던 군인들의 조각상이 전시되어 있다. 바닥에는 이런 글귀가 적혀 있다.

'한 번도 알지도, 만나 보지도 못했던 사람들의 터전을 지키기 위해 나라의 부름을 받고 간 우리의 아들딸들, 위대한 영웅들(Our nation honors her sons and daughters who answered the call to defend a country they never knew and a people they never met. 1950-1953 Korea).'

이러한 숭고한 의미가 모두 이 곡에 담겨 있는 것 같아 듣고 있으면 뭉클한 감정이 든다. 미국에 대해, 미국 사람들이 나라를 대하는 마음에 대해 이런저런 생각이 드는 곡이다.

2. This Land is Your Land

미국의 드넓은 대자연을 마음껏 느낄 수 있는 동영상을 보며 음악을 감상하면 좋다. 아이들은 영상에 우리가 가 본 미국의 국립공원들이 많이 나온다며 집중해서 봤다. 이 초록의 땅은 너와 나 우리 모두의 것이니 함께 누리고 감사하자는 내용의 노래다.

3. It's a Small World

어렸을 때 놀이공원에 가면 꼭 타던 기구가 있다. 배를 타고 전 세계 사람들을 구경하는 지구촌 마을. 미국에 와서 지구촌 마을이라는 말을 제대로 실감하고 있다. 우리가 사는 기숙사와 아이들이 다니는 초등학교를 떠올리면 그 말이 꼭 맞는다.

얼마 전에 우즈베키스탄 사람들이 모여서 바비큐 파티를 했다. 엊그제는 칠레의 예비 엄마들이 모여서 베이비 샤워Baby Shower를 했다. 어제는 책을 읽으러 놀이터에 나갔더니 영국에서 온 부부가 잔잔하게 음악을 틀어 놓고 여유로운 점심시간을 보내고 있었다. 오늘 아침에는 인도 엄마와 아이들 앞니에 관해 얘기를 나눴다. 함께 따라 나온 인도 아이의 앞니가 없기에 언제 빠졌냐고 물으니 벌써 오래전에 놀다가 부러졌다며 걱정스러운 표정으로 나에게 보여 주기까지 했다.

세계는 넓고도 좁다. 그렇기 때문에 서로의 문화에 대해 의사소통하고 자신의 의견을 피력할 수 있으면 얼마나 많은 기회와 경험들을 품을 수 있는지 매일 절실히 느낀다. 그래서 이 노래가 더 와 닿는다. 전 세계 사람들의 문화를 공부하는 것이 중요하다는 메시지를 전하기 위해 이 노래를 선택한 선생님의 의도에 공감하고 감사했다.

54

두 번째 포틀럭 파티

두 번째로 열린 포틀럭 파티에서 우연히 다른 반 학부모 한 분을 만나게 되었다. 음식을 가져와 먹으려고 앉으려는 찰나 큰애가 한 아이를 가리키며 "엘리자베스는 옆 반인데 하프 코리안half korean이야"라고 말했다. 아이 아빠는 한국분이고, 엄마는 미국 분이라고. 인사를 하려고 다가가 아이 아빠에게 말을 걸었다.

"안녕하세요. 우리 아이가 따님이 한국 친구라고 해서 인사하러 왔어요."

그런데 그분이 영어로 "아, 저는 한국말 못해요"라고 대답했다.

"어머나, 그러시구나."

속으로는 어쩌지… 그냥 웃으며 모른 척 아이에게 집중할까 하다가 용기를 냈다. 왠지 모르게 내가 영어를 유창하게 하지 못해도 이해해 주실 것 같았다.

서툰 영어로 대화를 이어 나가다 보니 약 30분간 이런저런 얘기를 나눴다. 궁금했던 것들을 묻기도 하고 다양한 대화를 할 수 있었다. 이야기 끝에 내가 미국에 머무는 기간이 짧아서 아쉽다고 하자 아이 아빠가 한 말이 인상적이었다.

"여기 계시는 동안 많은 걸 시도하고 경험해 보세요. 그럼 나중에 돌아가서도 그때 이런 걸 해 봤지, 이런 일들이 있었지 하는 추억들이 계속 머릿속에 남아서 몸은 떨어져 있어도 이곳에 살고 있는 것 같은 느낌을 받을 수 있을 겁니다. 하지만 아무런 시도도 하지 않고 지낸다면 매일매일이 그날인 것처럼 변화도 없고, 돌아가서도 남는 게 별로 없었던 기간이 될 테죠."

이 시간을 살아 있게 만드는 건 행동하는 것, 움직이는 것이라는 말씀에 크게 동감했다. 포틀럭 파티에서 뜻밖에 너무 좋은 이야기를 들을 수 있게 되어 행운이었다. 자꾸 시도해야 한다는 그 말이 내 가슴속에 선명히 남았다.

미국에 오면서 내가 가진 개인적인 두려움을 극복하기 위해 여러 시도와 노력을 했다. 결과적으로 예전보다 자존감도 높아진 것 같고 무엇보다 마음이 편안해졌다. 내가 원하는 일이 무엇인지 찾았고 그 일에 집중하게 되었다.

알찬 기록을 위해 좀 더 관찰하고, 사진을 찍고, 메모를 했다. 하루가 아쉬운 미국 유학 기간이 뚜렷한 일상으로 가득 차는 것 같아 마음이 충만했다. 엘리자베스의 아빠와 대화를 끝마치고 돌아서서 가는데, 책에서 읽은 구절 하나가 떠올랐다. '골목마다 서서 옳은 방향으로 길을 안내하는 현자가 있다' 포틀럭 파티에 잠시 들러, 내게 좋은 얘기를 해 주고 갔다.

55

종업식은 댄스 페스티벌로

아이들이 거실에서 노래하고 춤추는 모습을 보다가 문득 미국에 오고 나서 아이들이 더 흥겨워진 것 같다는 생각이 들었다. 미국에서의 활동이 아이들 몸 안에 잠들어 있던 흥 세포를 깨운 듯했다. 그도 그럴 것이 종업식도 댄스 페스티벌로 열리고, 아빠와 딸, 엄마와 아들 댄스파티도 그랬고, 크리스마스 윈터 콘서트에서도 아이들은 노래를 부르고 춤을 췄다. 여기에 방과 후 수업에서도 학년을 마무리하며 뮤지컬 공연을 한다고 했다. 나 또한 한국에 돌아가면 아이들과 춤을 배워 보고 싶다는 생각이 들 만큼 모든 행사가 흥겨웠다.

이렇게 미국 학교 활동은 몸을 가만두는 법이 없다. 교실에만 머물지 않고 밖으로 나와 음악에 맞춰 춤도 추고, 뛰어 놀면서 활력을 불어넣는다. 1년 내내 날씨가 좋은 LA이기에 가능한 일이기도 했다.

오랜만에 행사 때 찍어 둔 동영상을 다시 봤다. 아이가 영상을 보며 얘는 누구 언니고, 걔는 누구 동생이고, 얘는 방과 후 수업에서 만나는 누구고. 어쩌고저쩌고 설명해 준다. 그렇구나, 고개를 끄덕이며 1년 사이 아이가 많이 적응했다는 걸 느꼈다.

미국에 온 후로 하루도 그냥 보내지 않고 알차게 보내려 노력했는데 그래도 시간이 흘러가는 것을 붙잡을 수 없으니 아쉬운 마음이 가득하다. 우선은 아이들이 밥 잘 먹고, 잘 놀고 건강하게 학교에 다닐 수 있어서 매일 감사하다.

또 감사하게도 초창기에 큰아이의 담임 선생님은 아이와 대화하기 위해 아이의 책상에 아이패드를 올려놓고, 번역기를 틀어 둔 채 수업을 했다고 한다. 선생님의 인내심과 배려가 아이에게 좋은 버팀목이 되었다. 같은 반에 유학생분 자녀 둘이 있었지만 모두 여기서 태어난 네이티브Native였고, 남자여서인지 여자아이인 큰애와는 데면데면했다. 한국에서는 이 정도는 아니었는데 이곳은 티가 확 날 만큼 남자끼리, 여자끼리 따로 놀았다.

둘째 또한 영어 까막눈으로 와서 지금은 책을 읽을 수 있고, 누나와 둘이 있을 때도 영어를 쓰며 놀 정도로 발전했다. 학교 다니기 싫다고 울지 않고 재미있게 잘 다녔으니 이 또한 선생님의 공이다.

또 한국인 엄마들이 있어서 많은 도움을 받았다. 만약에 미국 사람들만 가득한 동네에서 말도 통하는 사람 없이 지냈더라면 아주 고단하고 힘든 생활이 됐을지도 모르겠다. 미국에 오기 전 아이들 학교를 알아보면서 아시안Asian이 많은 곳이라고 고민했던 시간이 아까울 정도였다. 아이들 영어 실력이 늘지 않을까 걱정했던 것은 기우였다. 뿌리가 같고, 문화와 정서가 같은 한국 사람들이 곁에 있음으로써 학교생활이나 학부모들 간의 정보 교류 혹은 생활적인 측면에서도 안정감이 생겨 큰 도움이 됐다.

무엇보다 고마운 건 아이들이었다. 초창기에 말도 안 통하는데 학교에 다녀야 했으니 그 고충이 오죽했으랴. 아이들을 생각하면 기특함에 미소 짓다가도 안쓰러운 생각이 들어서 금방 눈물이 고이고 가슴이 뜨거워진다. 잘 이겨 내고 성장한 아이들을 생각하면 나 또한 부모로서 하루하루를 더 열심히 살아야겠다고 다짐한다.

며칠 전 수영장에 갔을 때 바로 옆의 바비큐 장에서 한 무리의 가족들이 고기를 구워 먹고 있었다. 할아버지뻘 되는 아저씨가 클라리넷을 연주하는 가운데 다들 웃고 떠들며 그 시간을 즐겼다. 그 모습을 보며 나도 여유로움을 만끽했다. 그렇게 미국에서의 한 학년이 마무리되었다.

1학기
(한 학년 UP)

1학기
겨울 방학
2학기
여름 방학

56

여름 방학 동안 독서습관 기르기

미국에서의 긴 여름 방학이 시작되었다. 방학 동안 아이들이 책을 많이 읽을 수 있도록 여러 도서관에서 다양한 행사들이 펼쳐졌다. 우리가 자주 이용하는 산타모니카 도서관에서도 방학 맞이 이벤트가 한창이었다. 책을 읽고 다양한 활동을 하면 선물을 주는 행사였다.

이벤트 신청서를 작성하고 사서 선생님에게 시계가 그려진 워크지와 책가방, 책갈피를 받았다. 선물을 받은 아이들의 기분이 잔뜩 들떠 보였다. 방학이 끝나는 8월 중순까지 스스로 책을 읽고 15시간짜리 시계 그림에 있는 빈 칸을 모두 색칠해 오면 또 다른 선물을 준다고 했다. 선생님은 이 미션의 핵심이 '스스로 하기'에 있다고 강조했다.

사서 선생님의 설명이 끝나자 아이들은 자신이 읽고 싶은 책을 열심히 골랐다. 그리고 집에 오자마자 시간을 재면서 책을 읽는 놀라운 모습을 보여주었다. 방학 동안 아이들에게 자발적이고 독립적인 책 읽기 습관을 만들어 주자는 것이 이 행사의 목적이었는데, 그것과 정확히 일치하는 효과가 나타나는 것 같아서 기분이 좋았다. 이후로도 아이들은 작심삼일에 그치지 않고 꾸준히 책을 읽고 스스로 시간을 체크해 나갔다. 어떤 날은 5분, 어떤 날은 15분, 벽에 붙여 놓았던 워크지 속 시계가 점점 예쁜 색으로 채워졌다.

이런 방식이라면 어떤 아이든 책에 재미를 붙일 수 있지 않을까? 다만 요즘 아이들은 책 읽을 시간이 없고, 다양한 책을 접할 기회가 없다 보니 독서와 점점 멀어지는 게 아닐까 싶다.

결국 우리 아이들은 15시간 스스로 책 읽기를 완료했고 선물을 받으러 도서관에 갔다. 장난감 두 개와 상장, 레스토랑의 키즈 메뉴 무료이용권 등과 책 한 권을 선물로 받았다. 사서 선생님이 그동안 읽은 책 중 하나를 골라 리뷰를 작성하면 게시판에 붙여 주고 추가로 또 선물을 받을 수 있다고 하자, 큰애가 작성하겠다고 나섰다. 옆에 있던 둘째도 덩달아 리뷰를 작성했다. 그렇게 그날 우리는 크고 작은 선물을 가득 받아 왔다.

나중에 검색해 보니 큰애가 선물로 고른 『찰리의 놀라운 여정

The remarkable journey of Charlie Price』는 평가가 아주 좋은 책이었다. 8세 이상 권장 도서지만 300페이지가 넘는 두꺼운 책이라 호흡이 다소 길다고 느낄 수 있는 책이었다. 혹시나 싶어 큰애에게 이 책이 재미있을 것 같은지 물어봤더니 눈을 빛내며 고개를 끄덕였다. 글씨가 빼곡한 이 책의 무엇이 아이를 끌어당겼는지 알 수 없었지만 좋은 평을 받고 있는 책이니 괜찮겠다 싶었다.

둘째가 고른 책은 『플라이 가이Fly Guy』시리즈에서 좀 더 높은 수준으로 확장된 논픽션이었다. 둘째는 아마도 지난 야드 세일Yard Sale에서 1달러를 주고 사 온 『스페이스Space』를 재미있게 읽은 기억이 있어서 비슷한 분야의 책을 고른 것 같았다.

도서관을 나서는 길에 아이들이 책 읽기 이벤트에 또 참여하고 싶다고 해서 문의했지만 아쉽게도 한 번씩만 참여할 수 있었다. 행사에 대한 아이들 반응을 봤을 때 이만하면 성공인 것 같았다. 도서관 이벤트에 참여한 뒤부터 아이들은 내게 도서관에 또 가도 되는지를 묻는다. 우리 아이들에게 독서에 대한 긍정적인 각인을 할 수 있는 계기가 된 것 같았다.

57

UCLA 여름 캠프

3월이 되자 여기저기서 여름 캠프 프로그램 홍보를 시작했다. 우리는 일찌감치 UCLA 캠프를 염두에 두고 있었다. UCLA캠프는 전년도에 참가를 했거나 관련 프로그램을 들었던 사람들에게 조기 등록자Early Register로 미리 신청할 수 있는 혜택을 주었다. 또한 부모가 UCLA 재학생인 경우 아이들은 50% 할인을 받을 수 있었다. 아빠가 재학 중인 덕분에 할인된 가격으로 신청할 수 있었다.

우리는 3주 간의 여행과 6주 간의 캠프 참가 계획으로 9주라는 긴 여름 방학을 알차게 보내기로 했다. 오랜 기간 유학 중인 학부모들의 이야기를 들어 보니 캠프 기간을 꽉 채우게 되면 아이가 힘들어 할 수도 있으니 더도 말고 딱 2주 정도가 적당하다고 했다. 하지만 우리는 단기간 머무는 경우였고, 캠프에 참여할 수 있는 기회가 이번 한 번뿐이었기 때문에 2주가 아닌 4주를 신청하기로 했다. 그리고 남은 2주는 다른 프로그램을 찾아보기로 했다.

2주짜리 프로그램을 찾다가 작년에 했던 레크리에이션 센터의 썸머 캠프가 떠올랐다. 그때는 미국에 온 지 얼마 되지 않았을 때라 정신이 없었고 처리할 일이 많아서 그곳에 보냈던 것이었고, 이번에는 조금 더 알아보기로 했다. 평이 좋은 다른 센터나 사립초에서 진행하는 학구적인 프로그램에 보내 보고 싶었다.

미국의 여름 캠프는 그 종류나 수가 어마어마하다. 내가 미처 알지 못하는 캠프도 많겠지만, 일단 아는 범위 내에서 정리해 본다.

1. 대학에서 운영하는 썸머 캠프
2. 지역 레크리에이션 센터Recreation Center에서 운영하는 캠프
3. 사립 초중고 운영 캠프
4. 공립 초중고에서 위탁 운영하는 캠프
5. 그 외 사설 캠프들

어느덧 7월이 되어 썸머 캠프에 참가하는 날이 다가왔다. UCLA 캠프는 캠퍼스 내에서 진행됐다. 캠프 첫날이라 아이들과 함께 갔더니 완전 땡볕에 그늘 하나 없는 장소에 집합을 했다. 큰애는 안

그래도 자주 바깥에서 노는 통에 깜순이가 다 됐는데, 이제 곧 써니 캘리포니아의 햇살이 만든 숯덩이가 될 것만 같았다. 하지만 날씨가 맑은 덕분에 하늘이 파래서 예쁜 사진을 남길 수 있었다. 그렇게 첫날은 아이들이 캠프 송을 부르는 걸 좀 듣다가 집으로 돌아왔다.

아이에게 캠프에서의 일과를 들어 보니 오전에는 주로 잔디밭에서 놀다가 같은 장소에서 점심을 먹었다고 했다. 캠퍼스 안의 잔디밭은 하루 종일 놀아도 좋을 만큼 힐링이 되는 공간이었다. 나무도 많아서 아이들이 자연을 접할 수 있는 좋은 기회이기도 했다. 또한 캠프 안에서의 활동은 다양한 주제로 구성되어 있어 선택을 할 수 있었다. 우리 아이들의 캠프 구성은, 첫 주엔 온종일 그냥 노는 레크리에이션 스타일의 기본 캠프에 수영을 추가한 구성이었다.

그 밖에도 슬라임을 만들기도 하고, 게임도 했다. 아이는 특히 시원하게 수영하는 게 재미있었다고 했다. 큰애는 우리 집 기숙사 수영장에서 익힌 개헤엄으로 테스트에 통과했다며 무척 뿌듯해했고, 상으로 받아 온 팔찌를 자랑스럽게 보여 주었다. 둘째도 캠프가 재미있었는지 재잘재잘 이야기를 늘어놓았다.

캠프 3주 차, 큰애는 기본 캠프 1주를 모두 보내고, 이후 2주 동안 아트Art와 사이언스Science 캠프에 참가했다. 마지막 날에는 작품 전시도 하고 내부도 구경할 수 있었다. 캠퍼스 곳곳을 다니다 보니 대학 시절이 떠올랐다. 마치 대학생 때로 돌아간 것처럼 잔디밭 아무 곳에 앉아 책을 읽었다. 문득 고개를 들었을 때 눈앞에 펼쳐지는 풍경이 무척 좋았다. 탁 트인 하늘, 초록 나무, 고풍스러운 건물, 전 세계에서 모인 학생들의 활기찬 모습들이 나를 설레게 했다. 대학에서 열리는 캠프의 최대 장점은 이런 시설과 환경을 만끽할 수 있다는 점이다. 아이들의 머릿속에도 이곳에서의 추억이 고스란히 각인되기를 바랐다.

그렇게 혼자만의 시간을 보내고 난 후 아이들이 기다리는 수영장으로 향했다. 수영장의 규모는 매우 컸다. 선수용, 경기용, 일반인용이 따로 있을 정도였다. 아주 근사해서 휴양지의 리조트에 온 느낌이었다. 심지어 모래사장까지 있어서 비치발리볼을 하는 사람들을 볼 수 있었다. 물론 어린이 캠퍼들을 위한 얕은 수영장도 따로 있었다.

1년 중 어느 때나 따스한 햇볕을 즐기며 수영할 수 있는 이곳의 풍요로움을 직접 보고 느낄 때마다 참 부럽다는 생각이 들었다. 이들이 누리는 대자연이 모두 공짜라는 것, 일상이라는 것. 캠퍼스 안에서 이 모든 혜택을 누리고 있는 미국의 20대 청춘들을 보고 있자니 우리 아이들도 이런 곳에서 학교를 다니며, 다양한 가치와 문화를 배울 수 있다면 얼마나 좋을까라는 생각이 절로 들었다.

저 멀리 둘째네 반이 해산하려는 모습을 보고 발길을 옮겼다. 둘째의 손을 잡고 첫째를 데리러 아트 캠프로 향했다. 입구에 전시해 놓은 작품들이 보였다. 이날 사이언스 캠프에서 활동했던 내용들을 모두 집으로 가져왔는데, 막상 정리하려고 보니 이것저것 엄두가 나지 않을 정도로 많았다. 아이는 원소주기율표를 외우기도 하고, 중력의 법칙과 빅뱅 이론 등을 배웠다며 내게 설명해 줬다. 그리고는 소감 한마디를 덧붙였다. "그런데 말이야, 난 아트랑 사이언스 캠프는 별로였어. 전에 간 캠프가 더 재미있었던 것 같아."

아이의 입장에서는 역시 자유로운 분위기의 기본 캠프가 더 좋았던 모양이었다. 재미도 배움도 모두 훗날 아이에게 빛나는 추억이 될 것이다.

58

독립기념일 불꽃놀이

독립기념일이 다가올 즈음부터 학교에서는 독립기념일에 대해 배운다. 보둠 수업을 통해 미국 역사에 대해 알아보고, 국기를 그려 보거나 만드는 시간을 가진다. 당일은 휴일인지라 다들 가족과 함께 시간을 보낸다. 거리에는 성조기를 모티브로 한 각종 기념 코스튬이나 액세서리를 하고 다니는 사람들도 많다. 우리는 마침 성조기 무늬로 된 담요와 작은 깃발이 있어 그걸로 기분을 냈다.

미국 사람들에게는 아주 특별하고 큰 기념일인지라 밤에는 불꽃놀이Happy 4th of July가 여기저기서 열린다고 한다. 저녁을 먹고 그랜드 파크Grand Park로 향했다. 도로에는 불꽃놀이 명당자리를 맡으러 갔는지 차들이 없어 한적했다.

시청 근처에서 불꽃을 쏜다고 했기에 그 앞으로 가 봤더니 정면에 무대가 설치되어 있고, 사람들이 잔디밭에 자리를 잡고 앉아 있었다. 길거리에 자유롭게 춤추는 사람들도 많았다. 아무도 시선을 신경 쓰지 않고 자신의 몸을 리듬에 맡긴다. 흥이 넘치고 여유롭다. 아이들도 따라서 막춤을 추는 것이 귀여웠다.

잔디밭에서 다들 먹을 것을 준비해 와서 먹고, 음악도 듣고, 휴식을 즐기며 기다리고 있었다. 9시 정각에 불꽃놀이가 시작됐다. 우리가 앉은 잔디밭 앞에 커다란 나무가 있었는데 그 위에서 불꽃이 터졌다. 남편과 딸은 더 잘 보이는 자리에 가서 서서 보고, 나는 아들과 편안히 누워 불꽃놀이를 감상했다. 아들이 말한다.

"진짜 멋져 엄마!"

사진에는 그 화려함이 잘 담기지 않아 몇 장 찍다가 카메라를 내려놓고 그냥 즐겼다. 마지막이 압권이었는데 아들과 손뼉을 치고 환호를 했다. 15분간의 불꽃놀이가 끝나자 다들 자리를 정리하고 집으로 향했다. 수많은 인파가 움직였지만 차분했다. 차례차례. 미국 사람들은 몸이 닿는 걸 극도로 싫어하기 때문에 서로 밀치고 빨리 가려고 앞서는 일이 없다. 그래서 이렇게 큰 행사임에도 불편한 게 하나도 없다.

집으로 돌아오는 길도 신기했다. 우리가 보던 불꽃놀이는 끝났지만 여기저기서 폭죽이 빵빵 터지고 하늘이 계속 불꽃으로 반짝였다. 집에 와서 씻고 TV를 틀어 보니 마침 NBC 방송에서 뉴욕에

사람들의 환호성으로 가득한 멋진 불꽃놀이 현장

서 열린 불꽃놀이를 보여 주고 있었다. 허드슨 강변에서 쏘아 올린 불꽃은 아주 멋졌다. 미 육군사관학교 웨스트포인트의 밴드가 연주도 하고 합창을 했다.

주관사 중에 메이시스 백화점Macy's Department Store이 있었는데 백화점 홈페이지에서 군인들을 위해 3달러를 기부하면 25%를 추가 할인해 주는 파격적인 세일 혜택도 있었다. 미국에서는 독립기념일 세일 때 여름옷이 가장 싸다고도 한다. 도서관에서 관련 책을 빌려 읽거나 자료를 찾아보며 이야기를 나눈다면 미국의 큰 기념일인 이날을 더 잘 이해하고 즐길 수 있을 것이다.

59

수영장에서 물 만난 물고기들

7월 한 달 동안 거의 매일 수영장으로 출근하고 있다. 오늘은 저녁 식사를 하고 나서도 수영장에 가고 싶다고 하여 또 수영장으로 나섰다. 저녁에도 별로 춥지가 않아서 물에 들어가기 좋은 날씨였다. 놀이터 친구 비아도 함께 갔는데, 알고 보니 비아는 YMCA에서 1년간 수영을 배우고 그 후 2년간 학교 수영 선수로 활약한 적이 있는 베테랑이었다. 비아가 시범을 보이고 자세도 교정해 주며 아이들에게 수영을 가르쳤다. 아이들은 비아와 같이 놀면서 영어를 배우는 것도 모자라 수영까지 배운다. 비아는 친구이자 언니, 다정한 선생님이다.

수영장에 누군가 놓고 간 인어공주 발판이 있어 아이가 잠시 갖고 놀았다. 인어공주 발을 끼우고는 물고기처럼 유영하는 아이를 보니 나도 자유로움을 느꼈다. 낮에도 캠프에서 수영하고, 집 앞 수영장에서도 수영하고 오니 아이들이 거의 물에서 산다고 볼 수도 있겠다. 수영복 4벌도 모자라 빨래하기 바쁜 나날이기도 하다.

사실 아이들은 미국에 와서 처음 수영장에 갔을 때 물을 무서워했다. 수영을 못하는 나는 한국에 있을 때도 어린 두 아이를 데리고 수영장에 가는 일은 상상도 하지 않았다. 겨우 남편이 있을 때나 휴가 갔을 때 연례행사처럼 몇 번 간 게 고작이다. 그러니 아이들이 물과 친해질 시간이 없었다.

이곳 캘리포니아의 아이들처럼 태어나고 보니 사방 천지가 물이고 연중 내내 수영을 할 수 있는 온화한 기후에 사는 아이들과는 주어진 환경부터 달랐다. 가까운 거리에 수영장이 있다는 건 너무 좋은 기회였고 이 좋은 시설을 잘 활용하고 싶었다. 아이들은 이제 나이가 들고 두려움이 커져 수영을 배울 엄두도 내지 못하는 엄마처럼 되지 않기를 바라면서 열심히 수영장에 데리고 갔다.

초반에 아이들은 구명조끼에 퍼들 점퍼를 입고, 튜브와 비슷한 스펀지로 된 누들까지 끼고 조심조심 얕은 풀에서만 놀았다. 변화는 조금씩 일어났다. 수영장의 미국 아이들 대부분이 아무 보조기구 없이 노는 것을 보면서 아이들의 자존심에 빨간불이 들어온 것이다.

아이들은 가끔 튜브 없이 놀아 보려고 시도했다. 그때마다 물을 꼬르륵 먹고, 켁켁거리며 다시 튜브를 찾아 입었다. 물이 두렵고

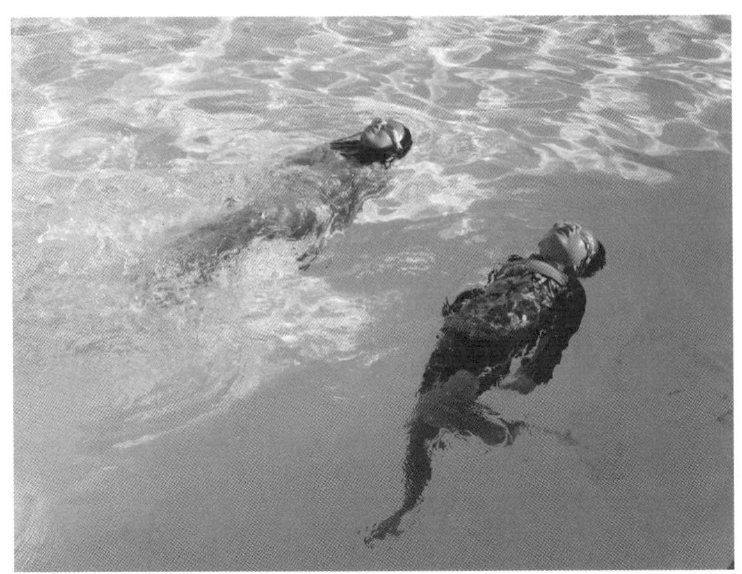

시간 가는 줄 모르고 수영을 즐기는 아이들

무섭지만 뛰어들어 계속 도전하는 모습이 기특했다. 시도한다는 자체가 의미 있는 행동이고 전진이었다. 아이들은 그렇게 조금씩 연습하며 앞으로 나아갔다.

잠수도 못하고 나랑 물속에 코 박기를 연습하던 게 엊그제 같은데 이제는 맨몸으로 자유자재로 논다. 발이 잘 닿지도 않는 큰 풀에서 노는 게 더 재미있다며 그곳으로 향한다. 역시 어떤 것이든 일단 시작하고 반복하면 잘하게 된다. 앞으로도 계속 도전하고 시도하는 아이들이 되었으면 좋겠다.

60

떠나는 비아를 생각하며

7~8월이 되니 기숙사를 떠나는 사람들이 많다. 그만큼 들어오는 사람도 많아서 하루에도 여러 번 새로운 이웃들과 인사를 나눈다. 누군가는 공부를 마치고 떠나고, 누군가는 또 새로운 학업을 시작하고. 1년 전에는 우리도 그랬었지. 시간은 절대 멈추지 않고 흐른다는 사실이 새삼 와닿는다.

지난달에는 옆집 새비나 가족이 떠났고, 내일이면 가장 친했던 비아 가족도 새크라멘토Sacramento로 떠난다. 미국에 온 지 얼마 되지 않았을 때 혼자만 남자아이인 둘째를 놀이에 끼워 주지 않는 아이들에게 그러지 말고 같이 놀자며 챙겨 준 아이가 바로 비아였다. 둘째가 그렇게 몸으로 매달리고 치대도 웃어 주는 착한 마음씨가 늘 고마웠다.

비아 부모님은 너무 바쁘셔서 비아는 저녁 시간을 넘기는 일이 자주 있었다. 난 그런 비아가 안쓰러워서 괜찮다고 하는 선에서 이것저것 먹이기도 했다. 잡채와 김치전이 그렇게 맛있다며 흥분하며 음식 이름을 묻던 모습이 눈에 선하다. 괜히 음식을 잘못 먹었다가 알레르기가 올라올까 봐 마음껏 한국 음식을 나눠 먹지 못한 게 아쉽다.

매일 양말을 짝짝이로 신고 다니고, 포켓몬스터를 좋아해 노란색 피카츄 티셔츠를 즐겨 입던 비아. 파티 때는 해리 포터나 미이라가 되어 나타나기도 했던 참 재미있는 아이였다. 숲에서 달팽이를 줍기도 하고, 콩을 따서 산더미처럼 까 놓기도 하고, 직접 딴 레몬으로 아이들과 레모네이드를 만들어 먹고, 두 아이를 집으로 초대해 블루베리 스콘 만드는 법을 가르쳐 주기도 하고, 나뭇가지를 주워 캠프파이어를 하고. 정말 많은 일들을 함께 했다. 매일 오후에 우리 집 초인종을 누르던 비아가 많이 그리울 것 같다.

그날은 밤늦게까지 놀이터에서 노는 아이들을 보며 이렇게 함께 노는 일이 마지막이라는 생각에 마음이 무거워졌다. 헤어지기 전 그간의 마음을 담아 우리 셋은 비아를 꼭 안아 주었다.

"고마웠어, 비아. 다른 곳에서도 지금처럼 반짝반짝 빛나는 너의 모습 간직하길 바라. 어쩌면 살면서 다시는 못 볼 수도 있지만 그래도 연락할게. 내가 은근히 끈질기니까 아마 연락이 닿겠지? 메일이나 전화로 서로 소식 전하자. 너로 인해 우리 모두 행복했고 즐거웠다. 우리는 평생 너를 잊지 못할 거야. 잘 가, 비아. 안녕."

그렇게 비아와 작별했다.

61

마지막 북 페어 자원 봉사

1년에 두 번 열리는 북 페어가 오늘로 끝이 난다. 내가 경험할 수 있는 세 번째이자 마지막 북 페어다. 아침 일찍 일어나 아이들과 학교로 향해 자원 봉사에도 열심히 참여했다. 언제나 그렇지만 이른 시간에도 책을 사러 온 사람이 정말 많았다.

수업시간 중간에 아이들이 선생님과 함께 와서 책 위시 리스트를 작성했다. 그 모습이 참 기특하고 예뻤다. 집에 가서 부모님에게 보여 주고, 돈을 받아 와 직접 사거나 하교 후에 같이 들러 구매를 한다. 큰애는 지난달 말에 나온 따끈한 신간을 골랐다.

마지막 북 페어인 만큼 더 각별하게 생각되어 열심히 둘러보기로 했다. 미국 아이들이 선호하는 책은 무엇인지, 학교나 스콜라스틱북스 회사에서 출간하고 있는 책들은 어떤 게 있는지 자세히 살펴보았다. 장난감이나 목걸이, 펜, 시계, 피규어 등 책을 사면 딸려 오는 사은품도 많았다. 그 밖에도 포스터, 다이어리, 아트 앤 크래프트북, 컬러링북, 요리책, 문구류 같은 오밀조밀 사고 싶은 것들이 가득했다.

예쁜 책갈피도 판매하고 있어 하나를 샀다. 한국에서는 예전에 서점에 가면 책갈피를 하나씩 줬던 기억이 있다. 이제는 거의 사라진 책갈피를 이곳에서 자주 만난다. 해리 포터 지팡이 모양의 볼펜도 마음에 쏙 들어서 구입했다. 계산을 하는데 북 페어 구매자에게 선물로 주는 것이라며 북 페어 기념 배지를 줬다.

구경하다가 아이들 담임 선생님의 위시 리스트에 있는 책을 1~2권씩 사서 아이의 이름으로 교실에 기증했다. 큰애 담임 선생님은 너무 읽고 싶었던 책이라며 고맙다고 큰애에게 스티커를 줬다. 둘째 담임 선생님은 다가오는 핼러윈 때 아이들과 함께 읽자며 고마워했다. 미국 학교생활은 어쩌면 한국보다 더 세심한 관심과 참여를 요구한다는 생각이 들었다.

마지막 북 페어 자원 봉사하고 나오니 뿌듯했다. 망설이지 않고 용기를 내길 잘했다.

세 번째 상담 (새로운 학년 첫 상담)

오늘은 아이들이 한 학년씩 진급한 후 맞는 첫 상담이다. 지난 백 투 스쿨 나이트Back To School Night 학부모 설명회 때 느낀 바로는 두 아이 모두 좋은 선생님을 만났다. 특히 큰아이 담임 선생님의 교육관이 나와 코드가 맞아 아주 반가웠고 안심이 됐다. 선생님은 책 읽기를 무엇보다 중요시하고 아이들에게 그와 관련한 마인드 수업도 진행하는 분이었다.

어느 날 아이가 잠자리에 누워 학교에서 배운 성장형 사고방식 Growth mindset, 고정형 사고방식fixed mindset에 대해 얘기해 줬다. 『완벽한 공부법』『부모 공부』의 고영성 작가가 언급한 부분이 상기됐다. 스스로 할 수 있다고 믿는 열린 마음, 긍정적인 생각, 수용하는 자세를 길러 줄 수 있는 사고방식에 대한 설명이 있었다. 학급에서 아이에게 그 두 가지 사고방식을 구분하고, 성장형 사고방식으로 나아가는 방법에 대해 알려 줬다는 이야기를 들은 나는 선생님이 어떤 분일지 궁금해졌더랬다.

백 투 스쿨 나이트Back to school night 학부모 설명회가 열리는 날, 드디어 궁금증이 풀렸다. 교실에 들어서자마자 눈에 들어온 건 바로 책이었다. 교실이 온통 책으로 가득했다. 선생님은 매일 아이들을 앉혀 놓고 20분 이상 책을 읽어 준다고 했다. 아이들에게는 조금 버거울 수도 있을 장편도 함께 읽어 나가고 있었다.

선생님은 나를 두 팔을 벌려 안아 주며 첫째가 미국에 온 지 1년밖에 되지 않았다는 것에 놀라움을 표시했다. 물론 칭찬이 후한 미국 선생님들이다 보니 나는 전보다는 덜 들떴지만 아이의 리딩 실력이 놀랍다는 칭찬에는 독서에 공들인 그간의 노력이 빛을 발하는 것 같아 기뻤다. 선생님은 아이가 더 높은 성과를 낼 수 있도록 학급에서도, 집에서도 함께 노력해 보자고 했다.

그 만남 이후로 세 달이 지나고 오늘 선생님과 일대일로 상담을 하게 된 것이다. 먼저 작년에 아이가 입학했을 당시의 영어 성적표와 지금의 성적을 펼쳐 놓고 비교하는 시간을 가졌다. 아이의 실력에 대해 선생님은 굉장하고Amazing 훌륭하다Wonderful고 표현했다. 현재는 목표에 도달한 것은 물론이고 평균 이상의 실력이었다.

선생님은 아이가 지금 영재반 테스트를 본다면 무조건 영재반에 들어갈 수 있을 거라고 분석했다. 영어 테스트에서 7점이 보통, 15점까지는 잘하는 편, 그 이상이면 뛰어난 실력인데 아이는 19점을 받았으니 아주 좋은 성적이었다. 또 아이가 수학을 좋아하고 잘하니 계속 북돋아 준다면 더 일취월장 할 수 있을 거라는 조언도 들었다.

다만 한 가지, 숙제에 대한 열정이 부족한 것이 조금 의아한 부분이라고 했다. 수업 시간에는 완벽하게 해내는 반면 숙제는 성의 없는 경우가 있다며 신경 써 주면 좋겠다는 말을 들었다. 그 부분에 대해서는 솔직히 할 말이 없었다. 아이의 숙제는 방과 후 교실에서 봐주고 있어서 그곳에 맡겨 두고 따로 점검하지는 않았다. 앞으로는 체크해야겠다는 생각이 들었다.

성적 이야기를 마무리하고 아이 성품과 학급에서의 태도 부분으로 넘어갔다. 아이는 수업시간에 집중력이 높아 해야 할 일이나 과제를 완벽히 수행하고, 그 속도도 빠른 편이라 남는 시간에 선생님 일을 도울 때도 많다고 했다. 그 이야기를 들으니 지난번에 아이가 한 말이 생각났다.

"엄마, 오늘 학교에서 정말 너무 행복했어!"

"그래? 좋은 일 있었어?"

"선생님을 하루 종일 도와드렸거든! 그게 왜 그렇게 기분이 좋은지 몰라. 정말 너무너무 좋았어. 일기에 꼭 기록할 거야!"

내가 이 이야기를 하자 선생님은 앞으로도 종종 도와 달라고 해야겠다며 웃음을 지었다. 아이의 그런 친절한 성품이 친구 관계에서도 잘 드러나 다른 친구와도 두루두루 잘 지낸다고 했다. 20분이 너무 짧게 느껴졌다. 크리스마스 전 윈터 콘서트 행사 때 보자는 말로 인사를 하고 상담을 끝마쳤다.

둘째는 엄청 꼼꼼하고 정확한 성격의 담임 선생님을 만났다. 이민 2세 베트남계 미국인인 선생님은 아이들의 독립심을 키우는 일이 아주 중요하다고 강조했다. 그래서 학부모가 학기 초에 아이들을 교실 문 앞까지 데려다주거나 가방을 정리하는 일 등을 만류했다. 엄격한 느낌이라 다가가기 조금 어렵겠다 싶었는데, 막상 상담할 때는 아주 친절한 분이었다.

둘째는 늘 어리게만 느껴져 큰 기대는 하지 않았다. 그런데도 알파벳도 잘 모르던 아이가 책을 읽기 시작하고 밤에 일기 쓰기까지 하는 걸 보면 매순간 참 대견했다. 선생님도 아이가 작년에 미국에 처음 왔다는 생각은 들지 않을 만큼 잘하고 있다며 충분히 자랑스러워해도 된다고 이야기했다.

둘째도 수학을 좋아하는데, 다양한 접근법으로 문제를 해결하곤 하여 놀랄 때가 많다고 했다. 수학이란 것이 딱 정해진 풀이방법 하나만 있는 것이 아니니 아이의 새로운 시도를 응원해 주는 방향이면 잘할 거라고 했다.

친구들과는 절대로 갈등을 일으키는 법이 없고, 대체로 양보하는 편이라고 한다. 그렇다고 항상 순응적인 것은 아니라고 했다.

아니라는 생각이 들면 손을 들고 다른 의견을 피력하기도 하는 논리적이면서도 신사적인 아이라고 했다.

마지막에는 아이가 조만간 있을 1학기 시상식에서 시티즌 상 Citizenship Award(독립심, 협동심, 책임감, 규칙 지키기 등에서 우수한 아이)을 받게 될 거라며 참석 일자를 다시 안내하겠다고 했다. 뜻하지 않은 기쁜 소식에 남편과 나는 너무 감사했다. 아이는 얼마나 뿌듯해할까.

두 아이의 상담을 마치고 나오면서 그저 감사하다는 생각밖에는 들지 않았다. 아이들이 각자 자신의 자리에서 최선을 다하고 있다는 사실이 너무도 고마웠다. 그 노력을 알아보고 아이들을 이끌어 준 선생님의 노고에도 감사했다.

63

미국의 교재·교구 판매점

교재·교구 판매점 레이크쇼어Lakeshore. 미국 선생님들도 이곳에서 아이들의 교재와 교구를 사 간다는 이야기를 듣고 처음 방문해 봤다. 집에서 20분 거리에 매장이 있었으나 정규매장 옆에 아울렛이 딸려 있는 곳으로 갔다. 이런 자잘한 문구류나 소품들, 아이들 관련 용품을 너무 좋아하는 나로서는 천국이나 다름없었다. 게다가 미국 문제집들도 가득하니 만족이었다. 지름신이 강령하셔서 순식간에 카트를 채웠고, 생각보다 많은 금액을 치렀지만 옷이나 신발 쇼핑보다 이게 더 재미있으니 어쩌랴. 아이들도 알록달록한 매장 간판을 보자마자 뭔가 재미있는 게 가득할 것 같은지 비명부터 질렀다.

매장으로 들어서니 저 뒤에 아울렛, 웨어하우스 입구가 보였다. 우선 그곳으로 직진하여 교재·교구는 물론 마지막 떨이 세일하는 책 중에도 괜찮은 게 많아 보여 정신없이 담았다. 마지막 세일 가격에서 또 추가 20% 할인을 하고 있었다. 집에 와 찬찬히 살펴봤는데, 나름 좋은 것들로 득템을 한 것 같아 흐뭇했다.

레이크쇼어의 출입구 정면

미국에 오더니 아이들이 바닥에 주저앉는 건 예삿일이다. 아울렛 한쪽에 마련된 책 판매대에서 아이들이 바닥에 앉아 책을 고른다. 코믹북은 낯설고 생소하지만 아이는 거리낌 없이 즐긴다. 귀신같이 만화책부터 알아보는 게 신기하다. 둘째도 자기 책을 열심히 골랐다.

교육용 DVD, 소프트웨어도 가득하다. 아마존이나 반스앤노블에서도 찾기 힘든 품목들을 직접 볼 수 있어 너무 좋았다. 수학 공부를 위한 플래쉬 카드, 게임, 주사위, 각종 교구가 가득해서 시간 가는 줄 모르고 구경했다.

아이들이 사 달라고 졸랐던 'Conncet 4'게임도 있었다. 학교에 아이들을 데리러 갈 때 보면 친구들이랑 자주 하고 있던 것이었다. 아마존 평도 좋고 미국 내에서도 유명한 보드게임이다. 우리가 카트에 담은 걸 보고 미국 엄마가 이거 어디 있냐고 묻기도 했다.

오목이랑 비슷한데 쉽고 재미있다. 세일해서 4.99달러. 한국에서는 2~4만 원정도 하는 것 같은데 가격 차이가 크게 난다. 스스로 책을 만들어 볼 수 있는 반제품 책도 있었고 그림일기를 쓸 수 있는 노트도 구입했다.

어쩌다 보니 세일하는 책과 워크북을 많이 샀다. 아이들이 학년이 거의 끝나 가는 무렵이라 K학년Grade부터 1, 2, 3 학년Grade까지 골고루 샀더니 종류가 많아졌다. 아이들의 영어 수준이 명확하지 않아 다양하게 풀어 보게 할 생각이었다. 워크북이기 때문에 정독하며 꼼꼼히 보기보다는 쉬운 걸 반복하는 복습 위주로 할 계획이었다.

집에 오자마자 아이들은 열심히 워크북을 풀었다. 쉬운 것부터 쓱쓱. 첫째는 엄마가 고른 책을 다 물리고 자기가 고른 책들만 사겠다고 선언하여 매장에서 잠시 언쟁이 있었으나 엄마 욕심을 버리자고 마음먹고 아이의 뜻을 들어주었다. 억지로 시키면 뭐하겠나, 아예 안 하겠다는 게 아니고 자신이 고른 걸 풀겠다고 하니 그것도 감지덕지다. 둘째는 내가 골라 온 책으로 열심히 공부하고 있다.

매장 회원가입을 하면 다음번에 이용할 수 있는 한 가지 제품에 대해 50% 혹은 20% 할인을 받을 수 있는 쿠폰을 주고 공예Craft 관련 재료들은 상시 15% 할인을 받을 수 있다. 장바구니도 선물로 준다. 교재·교구의 양이 워낙 많고, 매장에 전시하지 못한 것들도 있으므로 카탈로그를 보고 주문하면 된다고 한 권을 줬다. 매주 토요일 아트 수업도 진행하는 알찬 곳이었다. 'Free Crafts for kids' 시간에 맞춰 매장으로 가면 된다.

레이크쇼어 공식홈페이지에서도 많은 제품을 볼 수 있다. 한국에서도 해외직구가 가능한지 모르겠으나 관심 있는 분들은 한 번 살펴보면 영어 교육에 많은 아이디어를 얻을 수 있을 것 같다.

다양한 교재·교구와 책에 빠져 있는 아이의 모습

64

시험지에 노력의 흔적이 쌓이다

미국에서 10년간 유학하며 아이들을 낳고 기르는 분들에게 들었는데 미국은 1, 3, 5학년 때 배우는 내용이 확 어려워진다고 한다. 아니나 다를까 정말로 큰아이가 3학년에 올라가면서부터 학교의 수업내용이 눈에 띄게 어려워졌다. 드문드문 아이의 숙제를 봐주고 있던 나는 더는 그렇게 하기 어렵게 되었다. 의미를 파악하는 데만 시간이 한참 걸렸다. 그렇게 해도 어쩌면 아이보다 더 이해가 부족할지도 몰랐다.

유학생 신분으로 공부 중인 남편도 아니고 내 영어 실력으로는 어림없었다. 방과 후 수업에서 아이들의 숙제를 봐주는데 그 때문에 엄마들에게 부러움을 살 정도로 자녀 숙제 봐주기는 부모에게 큰 과제이다. 아이가 방과 후 교실에서 숙제를 끝내고 와서 그나마 다행이었다.

그런데 어느 날 아이가 부모님의 사인을 받아 가야 한다며 수학시험지를 가져왔다. 그래서 들여다 보니 도무지 수학 시험인지 영어 시험인지 알아볼 수가 없었다. 대부분이 서술형이었다. 다른 숙제들도 마찬가지였다.

영어를 모르면 수학도 할 수 없다. 외국인의 처지에서 영어를 못하면 좋은 수학 성적을 기대하기 어려울 만큼 단계가 올라간 것이다. 한국에서도 사고력 수학이라는 이름으로 서술형 문제가 많이 나오는 것으로 알고 있다. 아이들의 수학적 발판 마련이 언어에 있음을 다시 한 번 깨달은 계기였다.

아이는 그간의 노력으로 미국의 수학 용어에 잘 따라가고 있었다. 시험지를 다 모아 보니 그동안 아이가 열심히 공부한 흔적이 한눈에 보였다. 영어로 수학을 따라가려고 무던히 애썼을 아이의 수고가 떠올라 말없이 시험지를 한참 동안 바라보았다.

한국 수학이 훨씬 더 어렵다는데, 사실 왜 그렇게 수학이 어려워야 하는지 모르겠고 답답하다. 학년이 올라갈수록 수학적 사고력 또한 결국 책을 많이 읽고 스스로 문제를 해결하려는 노력에서 싹튼다는 것을 잊지 말아야겠다. 한국에 돌아가서 또 적응할 일이 걱정이었다.

이왕 수학 용어를 익힌 김에 잊지 않고 계속 기억했으면 해서 영어로 된 수학 개념 사전을 두 권 샀다. 하나는 K학년에서 2학년까지 보는 조금 쉬운 책이고, 다른 하나는 3학년에서 5학년까지 보는 고학년용이다. Math Dictionary라고 아마존 사이트에 치면 다양한 책들이 나오니 미국에 유학을 올 예정이라면 한 권쯤 보며 용어에 익숙해지고 오면 좋겠다.

둘째는 1학년에 올라가자 영어 단어 시험을 보기 시작했다. 일주일에 10개 단어를 배우고 익혀서 매주 금요일에 시험을 쳤다. 아이는 집에서 두 번 정도 써 보면 충분히 외워서 썼다. 아이 말로는 학교에서 선생님이 수업시간에 여러 번 가르쳐 주고 함께 적어 보는 시간도 갖는다고 했다.

첫째도 2학년 때 매주 금요일에 단어 시험을 치렀었다. 이제 3학년이 되자 2주에 30개의 단어로 바뀌었다. 난이도도 물론 높아졌다. 30개의 단어와 그 단어들로 이루어진 30개의 지문을 집에서 읽어 보는 것을 과제로 받아 와 열심히 외웠다.

아이가 다니던 학교는 아침마다 운동장에 전교생이 모두 모여 있다가 시작종을 알리는 소리가 울리면 각 반으로 줄지어 입장한다. 그 시간에 운동장에 앉아 친구들끼리 단어를 외우는 모습도 종종 봤다. 덩치 큰 미국 남자아이와 영어 단어장을 놓고 서로 체크를 하는 딸의 모습은 낯설고도 특별했다.

아이도 잘하려는 욕심이 있어서인지 단어 시험을 다 맞히려고 노력했다. 오다가다 보라고 식탁 옆에 붙여 줬는데, 잘 안 보는 줄 알았더니만 밥 먹으면서 한 번씩 단어를 봤던 모양이다. 그게 도움이 됐다고 이야기해서 놀랍고 고마웠다. 그렇게 조금씩 아이들의 시험지가 쌓일수록 실력도 쌓였다.

65

윈터 콘서트

크리스마스는 미국의 큰 명절이라고 할 수 있다. 대부분의 사람들이 크리스마스 날부터 연초까지 긴 휴가를 갖고, 가족 여행을 떠나거나 한데 모여 크리스마스트리 밑에 모아 둔 선물을 나누고 식사를 한다. 24일까지 선물을 준비하라며 세일을 외치던 모든 상점들도 25일에는 문을 닫는다.

이즈음부터 아이들의 겨울 방학도 시작된다. 아이들이 다니던 초등학교는 1학기를 마감하며 윈터 콘서트Winter Concert를 열었다. 콘서트 날 이후에 3주간의 방학이 시작된다. 윈터 콘서트라고 하니까 뭔가 거창한 것 같지만, 아이들이 수업시간 틈틈이 연습한 노래 2~3곡을 합창하는 것이 전부다. 윈터 콘서트를 위해 음악 선생님이 특별히 초빙되어 학년별로 아이들을 가르친다.

의상은 학년별로 통일하거나 홀리데이 의상으로 대강의 가이드 라인을 정해 주기도 한다. 남자아이들은 주로 검은색 바지에 흰색 상의를 입고, 여자아이들은 드레스 차림이 많았다. 홀리데이 의상에 정답이 있는 건 아니므로 크리스마스 분위기가 나게 입기만 하면 된다.

강당이 좁아서 학년과 반을 두 팀으로 나눠 오전에 한 번, 오후에 한 번 콘서트가 열렸다. 나중에 콘서트 내용을 모두 모두 녹화한 DVD를 10달러에 팔기 때문에 뒷사람의 시야를 가리면서까지 무리하게 동영상을 찍을 필요는 없다.

자리가 없어서 남편은 뒤에 서 있고, 나는 의자에 앉아 있었는데 공연이 끝나고 아이들이 나가기 시작하기에 우리 부부도 자리에서 일어났다. 그런데 자리에서 일어나는 사람이 단 한 사람도 없었다. 아차 싶어 얼른 자리에 앉았다. 알고 보니 공연 중간뿐만 아니라 공연이 끝난 후에도 아이들이 무대에서 내려와 밖으로 모두 나갈 때까지 자리를 지키는 에티켓을 보여 준 것이다. 작은 행동이지만 남을 배려하고 서두르지 않는 모습에서 또 하나 배울 수 있었다. 방청석의 학부모들은 아이들이 무대에서 모두 떠나자 일제히 일어나 차례차례 강당을 빠져나갔다.

이 콘서트에서 인상 깊었던 다른 하나는, 세계 각국에서 온 아이들이 저마다의 목소리를 하나로 모아 노래를 부르는 모습이었다. 미국에 와서 같은 언어를 사용하고, 같은 교육을 받는다는 사실이나 한 교실에서 만나게 된 것이 보통 인연이 아니다 싶었다. 고운 노랫소리가 흘러나오는 윈터 콘서트장에 앉아 있으니 크리스마스의 분위기에 취해 나도 모르게 마음이 둥실둥실 떠오르는 것 같았다.

66

작별 인사, 굿바이

3주간의 방학을 마치면 새로운 학기를 시작할 테지만 우리 아이들은 이제 학교로 돌아가지 않는다. 한 달간의 여행을 거쳐 한국으로 돌아가는 일정만이 남았다. 반 친구들에게 작별 인사를 하고 싶어 간단한 선물을 마련했다. 남대문에서 구입해 간 책갈피를 하나하나 포장했다. 전통 무늬가 새겨져 있고, 금박으로 장식되어 있는 멋스러운 책갈피였다.

메이드 인 코리아Made In Korea 선물을 주고 싶었는데 안성맞춤이었다. 미국은 아직도 책갈피를 많이 사용하고 주고받는 문화가 있어서 좋은 선물이 될 거라 생각했다. 이처럼 작은 선물을 나눌 때도 선생님에게 미리 여쭙고 준비하면 좋다. 큰애의 담임 선생님은 방학식을 하는 마지막 날에 줬으면 했고, 둘째의 담임 선생님은 그 전날에 줘도 된다고 했다.

둘째의 담임 선생님은 반 친구들에게 아이에게 줄 롤링 페이퍼를 쓰자고 제안하여 아이들이 정성껏 꾸몄다.

"너 어디 가니, 아예 한국으로 가는 거니, 언제 다시 오니? 이제 못 보는 거니? 그동안 도와줘서 고마웠어. 네가 그리울 거야. 나중에 미국에서 또 만나" 등등 반 친구들의 순수함이 느껴지는 글들이 담겨 있었다. 아이에게 소중한 선물이 되었다.

큰아이는 아쉽게도 마지막 날에 아이들이 알았는지 작별 인사를 못한 친구도 있었다. 친한 친구들이야 이미 선물과 편지를 주고받고, 기념사진도 찍으며 마음의 준비를 했지만 다른 아이들은 끝나자마자 달려 나가서 아이가 작별 인사를 제대로 하지 못했다.

아이들은 아직 어려서 작별의 의미를 잘 모른다. 살면서 다시 만날 수 있을까? 그런 생각을 하면 울컥하는 마음을 어쩔 수 없다. 이 얼마나 소중한 인연들인가. 말도 안 통하는 우리 아이들과 놀아 주고 영어를 가르쳐 주던 친구들이 아닌가. 친구들과 사진을 찍고, 올해 담임 선생님, 작년 담임 선생님과도 마지막 사진을 찍었다. 아이들의 이별을 바라보며 이 멋지고, 근사하고, 신기한 것이 가득했던 미국 초등학교에서의 일상이 끝난다는 아쉬움에 아이들도 나도 한참 동안 자리를 뜨지 못했다.

한국으로 돌아가기 전에 아이들 포트폴리오를 정리하는 시간을 가졌다. 포트폴리오를 정리하면서 아이들이 쓰고, 만들고, 그린 것들을 찬찬히 살펴보았다. 참 뿌듯했다. 많이 컸다는 생각도 들고 대견했다. 아이들도 같이 꺼내 보면서 아주 재미있어 했다. 나중에 스스로 자랑스럽고 기특하다 생각할지도 모르겠다. 엄마도 이런저런 일로 바쁘겠지만 귀국 준비를 하면서 아이들이 추억할 수 있는 미국 생활의 포트폴리오는 꼭 한두 권 만들고 오면 좋겠다.

3장

미국 유학 마무리

67

성적증명서 떼기

한국으로 돌아갈 준비를 하면서 몇 가지 한국의 초등학교에 문의할 것이 생겼다. 이럴 경우 전화는 한인마트나 차이나타운의 국제전화카드를 파는 곳에서 10불이나 20불짜리를 구매하여 사용하면 된다. 한인 타운은 주로 약국이나 슈퍼에서 판매하고 있다. 한국에 종종 일 처리를 해야 할 때가 있으므로 초반에 마련해 두면 요긴하게 쓰인다. 귀국 때가 되면 사용량이 더 많아진다.

큰애는 한국에서 1학년 1학기를 다니다 왔기 때문에 귀국하면 다닐 학교의 학적 담당 선생님과 통화를 했다. 입학할 때 필요한 서류들을 문의하자 가족 전원의 출입국증명서, 미국에서 재학했던 학교의 성적증명서가 필요하다고 했다. 그리고 교육부 홈페이지에 들어가면 학력 인정학교 리스트가 나오는데 그곳에 지정된 학교여야 아이가 제 학년에 입학할 수 있다고 한다.

다행히 학력 인정학교에 속해서 다른 사항은 필요치 않았다. 미국에 있는 공립학교 대부분은 학력 인정학교지만 한국에서 출발하기 전에 한 번 확인해 보는 게 좋을 것 같다. 둘째는 올해 초등학생이 되는 나이라서 취학통지서가 나왔는데, 예비소집일이 귀국일과 맞지 않았다. 선생님에게 사정을 설명하고 귀국하면 바로 학교로 찾아가겠다고 했다.

미국 초등학교에 서류를 요청할 때는 사무실에 곧바로 방문하여 얘기하면 된다. 성적증명서만 필요했지만 혹시나 해서 재학증명서까지 부탁했다. 물론 성적증명서는 아이가 학교에 다니는 동안에도 받아 오기 때문에 잘 모아 두었다면 굳이 새로 떼지 않아도 된다. 아이가 한국에 돌아가면 다닐 학교에 필요한 서류가 무엇인지 문의해 준비하는 것이 가장 정확하다.

68

포트폴리오 정리하기

한국으로 돌아가기 전에 아이들 포트폴리오를 정리하는 시간을 가졌다. 미국 학교에서는 아이들이 직접 그리고, 만들고, 쓰는 활동이 많았다. 전시가 끝나거나 행사가 끝나면 작품들을 집으로 가져오곤 했는데, 어느 날 보니 그 양이 방 하나를 채울 정도로 많았다. 그래도 미국에서의 학교생활을 잊지 않고 간직하고 싶은 마음에 차곡차곡 남겨 두었다.

부피도 제각각이라 한국에 모두 다 가져가는 건 무리인 것 같아 가지치기를 해야 했다. 버릴 작품들은 모아서 사진을 찍고 가져갈 것들은 잘 포장했다. 한국에서도 어린이집 다닐 때부터 활동한 자료들을 A4 파일이나 사진으로 남겨 뒀는데, 그때처럼 똑같이 3공바인더와 비닐 내지를 구매해 정리했다. 참고로 자료를 분류한 큰 카테고리는 아래와 같다.

a. 미국유학서류 - 미국 유학과 관련된 각종 서류와 증명서, 미국에서의 고지서 등

b. 학교에서 준 서류 - 학교에서 주는 공문, 아이들이 받아 오는 공식적인 문서들 보관

c. 첫째 학교생활 - 학교에서 쓴 에세이, 시험지, 숙제 모음, 그림 등

d. 둘째 학교생활 - 둘째가 학교에서 활동한 것들

e. 집에서의 활동 - 집에서 그린 그림이나 만들고 놀았던 것, 행사나 여행지, 캠프 등에서 활동한 것들

해 보고 나서 하는 말이지만 포트폴리오 1년치를 한꺼번에 정리하는 건 절대 불가능하다. 평소에 틈틈이 해 둬야 하는 작업인데 어떻게 매번 가져올 때마다 정리하겠는가. 귀찮아서 우선 책장 한쪽에 다 모아 두었다가 더 이상 쑤셔 넣을 데가 없어서 하는 수 없이 정리를 시작해야 하는 날이 찾아온다. 또 살다 보면 마음이 답답할 때 정리를 하며 푸는 경우가 있다. 농담 반 진담 반으로 이때 정리해도 좋을 것 같다.

아이들이 학기 중간에 떠나는 일정이라면 선생님에게 직접 포트폴리오를 받고 싶다고 미리 얘기해야 한다. 떠나기 2주 전에 아

이들이 학교에서 활동한 자료를 모두 받고 싶으니 모아서 보내 달라고 따로 말씀드렸다. 선생님들도 학년이 끝나면 1년간 활동한 것들을 모아서 커다란 종이 폴더에 따로 모아 둔다. 그 자료에 현재 교실에 붙어 있는 것들을 추가해 준다.

단어 시험지나 숙제도 받아 보고 싶었는데 첫째의 3학년 담임 선생님은 그것까지 다 챙겨 주진 않았다. 아이가 2학년 때는 다 받아 와서 당연한 일인 줄 알았는데 선생님의 성향에 따라 다른 것 같았다. 평소 아이 숙제나 공부하는 걸 모아 두고 싶다면 학교에 제출하기 전 복사를 해 두는 것도 방법이다.

포트폴리오를 정리하면서 아이들이 쓰고, 만들고, 그린 것들을 찬찬히 살펴보았다. 참 뿌듯했다. 많이 컸다는 생각도 들고 대견했다. 아이들도 같이 꺼내 보면서 아주 재미있어 했다. 나중에 스스로 자랑스럽고 기특하다 생각할지도 모르겠다. 엄마도 이런저런 일로 바쁘겠지만 귀국 준비를 하면서 아이들이 추억할 수 있는 미국 생활의 포트폴리오는 꼭 한두 권 만들고 오면 좋겠다.

미국에서의 특별한 1년 6개월을 보내고 원래의 자리로 돌아왔다. 지난 일기와 사진들을 보니 가슴속 깊이 아쉬움과 그리움이 차오른다. 왜 우리는 늘 당시의 소중함과 행복을 보지 못하고 나중에 후회할까? 어쩌면 열심히 최선을 다해 살아도 과거에 대한 후회는 인간이기에 어쩔 수 없는 부분인지도 모르겠다.

하지만 그 후회를 최소화할 수 있는 방법이 한 가지 있다. 현재를 충실히 살되 기록과 함께 하는 것이다. 글쓰기를 통해 매순간을 어딘가에 남겨 두어야 한다. 지난 세월을 돌이켜 보면 글쓰기를 이때만큼 열심히 한 적이 없다. 대단한 걸 쓴 건 아니지만, 나의 하루를 매일 소소하게 정리해나갔다.

오늘 딸아이와 함께 캐나다로 1년간 연수를 떠나는 친척을 만나 저녁을 먹었다. 그분은 인생에 이런 기회가 또 있을까 싶어 너무 설레고 기대되고, 잘 지내다 오고 싶다고 했다. 특히 남편이 기러기 생활이라는 희생을 감내하고 만든 기회라서 더 잘 살리고 싶어 했다. 나는 이분께 이 말을 꼭 전해 드리고 싶었다.

"모든 생활과 느낌과 그 여정을 일기로 남기세요."

사람의 기억력은 한계가 있다. 그래서 사진이 있지만 당시의 세밀한 느낌은 그때 적은 메모가 아니라면 그대로 간직하기 힘들다. 글에는 생명력이 있어서 희한하게도 환상적인 풍광에 압도되어 쓴 글에서는 들뜸과 환희, 경이로움이 느껴진다. 울적한 마음과 축축 늘어지는 기분으로 쓴 글에는 어둡고 무거운 기색이 묻어 있다.

글을 보면 사람을 알 수 있다고 했듯이 글을 통해 내가 살았던 시간과 공간에서 느꼈던 감정과 상황을 오래도록 기억하고 추억할 수 있다. 이 책은 오랜 염원이었던 미국 유학 생활을 지내는 동안 절실한 마음으로 그 시간을 붙잡기 위해 했던 다짐의 결실이다.

미국에 도착한 후 전임자 선배에게 인사를 하기 위해 UCLA 교정으로 찾아간 적이 있었다. 두 부부는 도서관에서 공부를 하다가 나왔다. 좀처럼 짬이 나지 않을 만큼 치열하게 공부해야 하는 시기여서 짧게 인사를 나누고 헤어졌다. 하지만 그때 선배가 우리에게 했던 말이 미국 생활에 큰 지침이 되었다.

"지금부터 1분 1초도 아껴 써라."

나도 유학을 준비하는 분들에게 똑같이 이야기하고 싶다. 시간을 소중히 여기고 아껴 쓰면 미국 생활은 분명 더 값진 경험이 될 것이다.

시간은 돈이다. 아니 돈보다 더 귀한 자원이다. 이 말을 항상 가슴에 품고 미국에서 보내는 매순간을 임했던 것 같다. 이 말과 함께 내 미국 생활을 지탱해 주던 구절이 또 하나 있다. 세네카의 에세이 『인생의 짧음에 관하여』에 나오는 구절이다.

"사람들은 마치 공짜인 양 시간을 너무 헤프게 써요."

"언제 끝날지 모르는 것은 더 신중하게 관리해야 해요."

시간에 대해 어떤 인식을 갖고 있느냐 하는 것이 유학 생활의 질을 결정할 것이다.

또 아이들의 영어와 학교생활에 대해서는 걱정을 내려놓고, 한 걸음 떨어져 아이가 스스로 할 기회를 자꾸 제공하라고 권하고 싶다. 초반에는 영어가 잘 늘지 않는 것 같고, 유창하게 구사하지 못하는 아이들 때문에 고민이 많을 것이다. 하지만 시간은 거짓말을 하지 않는 법이다.

3개월쯤 지나면 영어로 조금씩 말하기 시작하고 6개월이 되면 능숙해진다. 1년이면 형제, 남매간에도 영어로만 대화하고, 1년 6개월이면 알파벳만 알고 갔던 9세 첫째도 『해리 포터』 시리즈를 읽고, 역시 알파벳만 알던 7세 둘째도 『윔피키드』 『스타워즈

아카데미』 같은 원서를 줄줄 읽는다. 비결은 다른 게 없다. 흔히 놀이터 영어라고, 친구들과 놀면서 영어를 익힐 수 있는 시간을 많이 만들고, 책을 많이 읽히는 것이다. 다양한 경험과 여행을 통해 미국 문화를 이해하도록 도와야 한다. 만약 미국에 있어도 집에만 있으면서 영어를 말하고 체득할 기회를 놓친다면 효과는 반감될 수밖에 없다.

나는 체력도 약하고 '육아가 너무 즐거워요'라고 말할 만큼 모성애가 차고 넘치지도 않는다. 단순한 방법을 좋아하는 나에게 딱 맞는 것이 바로 방목형 교육이었다. 아이들이 놀이터에 나가면 나는 곁에서 책을 읽거나 글을 썼다. 집에서는 오디오북을 틀어 주고, 한 권씩 눈으로 따라 읽는 집중 듣기 시간을 만들어 주었다. 그때 나는 나만의 자유 시간을 즐겼다.

아무리 따뜻한 LA라도 1년 열두 달을 수영장에 다니기는 힘든데, 아이들이 원할 때면 언제든 꿋꿋이 야외 수영장으로 향했다. 우리 아이들만큼이나 수영을 좋아하는 미국 친구들을 만날 수 있기 때문이었다. 아이들은 영어를 쓰며 놀고, 나는 풀사이드pool side 독서를 할 수 있으니 일거양득이었다. 환경을 마련해 주고, 아이들을 믿으면 된다.

한국에서부터 오랜 시간 단기 유학에 대한 기대와 준비를 했다. 운 좋게 남보다 조금 더 긴 기간을 허락받았고, 남편과 우리의 재정적, 물리적, 이상적 현실에 맞는 목표를 세웠다. 미국 생활에서 무엇보다 시간 관리가 중요하다. 우리는 선택과 집중을 잘 했기에 원하는 바를 성취할 수 있었다.

이미 그 시간을 경험하고 돌아온 선배나 동료들의 이야기, 책을 통해 간접 경험의 폭을 늘리는 것도 중요하다. 하지만 유학 기간 동안 하고 싶은 것도 많고, 주변에서도 천차만별로 이야기를 전해 듣기 때문에 자칫 너무 욕심을 부리면 소중한 시간을 어영부영보낼 수 있다. 아쉬움과 후회로 가득한 귀국길에 오르는 일이 벌어지지 않게 하려면 자신만의 목표, 기준, 철학을 가지고 가야 한다.

왜 유학을 선택했는지, 왜 그 나라인지, 내가 유학 기간 동안 이루고자 하는 것이 무엇인지 현재 나와 아이들의 상황에 비추어 어느 정도까지 목표를 달성할 수 있는지를 깊이 생각해 보아야 한다. 그러기 위해서는 스스로 묻고 답하는 시간은 물론이거니와 가족들과 함께 많은 대화를 나누고 의견을 나눠야 한다.

우리 가족은 부지런한 남편 덕분에 좋은 구경을 많이 했다. 유학 생활을 6개월씩 3막으로 나눠 각각의 목표를 이루려고 정진했기에 1막 여행, 2막 졸업과 시험공부, 3막 아이들 영어에 집중이라는 세 가지를 모두 달성하고 왔다. 미국에서 남편은 졸업장과 함께 업무 관련 자격증을 취득했다. 아이들은 꾸준히 노력하여 좋은 성적은 물론, 노력상과 인성상을 받기도 했다. 엄마표 영어로 한 줄짜리 문장을 더듬거리며 따라 읽던 아이는 원서를 혼자 읽는 수준의 영어 실력으로 일취월장하여 모두를 놀라게 했다.

엄마인 나도 가족들이 아닌 나만의 목표를 세웠다. 아이들이 학교에서 영어로 생존하느라 고군분투하는 시간에, 남편이 목표 달성을 위해 영어와 페이퍼를 놓고 사투를 벌이는 시간에 나 또한 책 읽기라는 목표를 세우고 몰입했다. 약 110권의 책을 읽고 매일 매일 글 쓰는 시간을 가졌다.

지나고 보니 모든 것이 감사하다. 자신의 힘으로 기회를 만들고, 노력과 끈기로 성취해 나가는 멋진 남편에게 고맙다. 낯선 환경에서 엄마 아빠 손에 끌려 여행을 가고 학교에 다니는 일이 결코 쉽지 않았을 텐데 잘 해낸 아이들에게도 더할 수 없이 고맙다.

그리고 인생의 어느 시기보다 열정적이고 특별했던 미국에서의 1년 6개월 삶을 허락하신 하나님께 감사드린다. 이 책을 읽은 분들이 단기 유학의 기회 앞에서 꿈꾸고, 계획하고, 행동하고 그것들을 모두 성취할 수 있기를 진심으로 바란다.

김영주

부록

미국 초등학교 학년 구분

2019-20, TK-12학년 배치표

미국 어바인의 여름 신학기 입학하는 아이들 기준으로 작성된 학년 배치표입니다.
미국 서부지역은 거의 비슷할 것으로 예상되니 참고로 봐주세요.

생년월일 기준	학년 레벨
2014년 12월 2일 이후에 태어남	등록할 수 없음
09/02/14 – 12/02/14	유치원 준비반(Transitional Kindergarten, TK)
09/02/13 – 09/01/14	유치원(Kindergarten, K)
09/02/12 – 09/01/13	1 학년
09/02/11 – 09/01/12	2 학년
09/02/10 – 09/01/11	3 학년
09/02/09 – 09/01/10	4 학년
09/02/08 – 09/01/09	5 학년
10/02/07 – 09/01/08	6 학년
11/03/06 – 10/01/07	7 학년
12/03/05 – 11/02/06	8 학년
12/03/04 – 12/02/05	9 학년
12/03/03 – 12/02/04	10 학년
12/03/02 – 12/02/03	11 학년
12/03/01 – 12/02/02	12 학년

- 학년 레벨 배치 기준 : 2019–20년도
- Kinder의 최소 연령 요건 : 2010년 9월에 통과된 법률로, 2019–20년도에 입학하는 경우를 기준으로 봤을 때 아이가 2019년 9월 1일 이전에 5번째 생일을 맞이해야 입학할 수 있다.

미국 초등학교 학기 스케줄

아이들이 다녔던 LA의 공립 초등학교 스케줄이며 유학 기간 1년 6개월(3학기) 기준으로 정리한 내용입니다. 지역과 학교마다 서로 다르니 참고로 봐주세요.

8월	8/15 새 학기 시작(8월 중순)
9월	1학기
10월	
11월	
12월	12/17~1/8 겨울 방학(약 3주)
1월	1/9 2학기 시작
2월	2학기
3월	
4월	4/10~4/14 봄 방학(약 1주)
5월	2학기
6월	6/9 종업식(한 학년 끝&여름 방학 시작)
7월	여름 방학(약 8주)
8월	8/15 새 학기 시작(8월 중순)
9월	1학기
10월	
11월	
12월	12/15~1/7 겨울 방학(약 3주)

미리 알아 두면 도움 되는 단어들

- Absence – 결석
- Academic Year – 학년도(미국의 8월 신학기부터 ~ 6월까지의 기간)
- After School program – 방과 후 수업
- Award Ceremony – 시상식
- Back to School Night – 학부모가 자녀의 반에 가서 선생님과 인사하고, 1년간 학급 운영에 관해 설명 듣는 날. 행사가 저녁에 이루어짐.
- Back to School Supply – 학교 준비물
- Barley tea – 보리차(물도 갖고 다녀야 함)
- Beautification Day – 학교 환경미화의 날(토요일 오전에 학부모가 자원봉사로 학교와 교실 청소를 도움)
- Book Fair – 스콜라스틱북스와 연계된 행사
- Box tip – 식료품, 생활용품 등에 붙어 있는 1센트 종이 그림
- Dismissal – 학교 일정이 끝난다는 의미
- Dr. Seuss Week – 월요일부터 금요일까지 일주일 동안 Dr. Seuss 작가의 동화책을 바탕으로 재미있는 옷차림을 하고 옴. 예시는 아래와 같음.
- Dress Code – 행사 분위기에 맞는 옷차림
- Elementary School – 초등학교(우리나라의 1~6학년, 미국은 K–5로 많이 표기함)
- Expo – 학교 준비물로 필수인 보드마카 브랜드
- Field Trip – 소풍
- Food Truck Day – 여러 종류의 푸드 트럭이 학교 앞에 와서 학부모와 아이들이 저녁을 사 먹을 수 있도록 함. 매출의 일정 금액이 학교에 기부됨.
- Gift Wrap Sales – 크리스마스 전에 포장지와 카드의 카탈로그를 보내줌. 학교 코드를 넣고 주문하면 매출의 일정 금액이 학교에 기부됨.

- Gold Fish, Honey Maid - 미국 엄마라면 모두 아는 과자 이름. 간식으로 많이 가져옴.
- Goody bag - 생일 파티에 온 친구들에게 주는 답례품
- Halloween costume - 핼러윈 의상
- Hand out - 가정통신문처럼 배포하는 안내장
- Kindergarten Culmination - 킨더학년 졸업식(우리나라의 유치원 졸업 식과 같음. 아이들도 정장이나 드레스 입고 구두 신고 가는 날. 행사가 성대히 열림).
- Mother-Son Dance / Father-Daughter Dance - 엄마와 아들, 아빠와 딸만 참여할 수 있는 댄스파티
- Open House - 학교 방문의 날(미국은 대개의 선생님이 같은 학년을 2년 연속으로 가르치기 때문에 반마다 선생님의 특징과 개성을 볼 수 있다)
- Parent Teacher Conferences - 학부모 상담
- Permission – 동의서
- Physical Exercise - 체육 시간(줄여서 P.E 라고 함)
- Picture Day - 학기 초에 반 친구들과 사진 찍는 날(전체 기념사진, 개인 프로필 촬영함. 2학기에도 같은 날이 있으나 참여도 낮음).
- Play date - 친구와 약속 잡아서 노는 것. 부모의 허락이 있어야 하고, 아이를 데려다주고 다시 약속한 시간에 데리러 가야 함.
- Pledge of Allegiance to the flag - 국기에 대한 맹세(영어로 외워 가도 좋음. 월요일 조회시간마다 복창)
- Potluck party - 집집마다 음식을 사거나 만들어 와서 함께 나눠 먹는 파티(학교에서는 겨울 방학 전, 여름 방학 전 2번 열림).
- Recess time - 쉬는 시간
- Recreation Center - 지역 내 문화센터, 공원
- RSVP - 회신 요망
- Scholastic book clubs - 미국 내 출판사 겸 유통회사 스콜라스틱 컴퍼니에서 운영하는 온라인 북클럽. 도서를 추천받고 학교를 통해 저렴한 가

격으로 구매할 수 있음.

- Semester - 1년을 두 학기로 나누었을 때의 한 학기
- Sharpie - 학교 준비물로 필수인 미국의 유명한 펜 브랜드
- Siblings privilege - 형제, 남매 혜택
- Sleep over - 다른 친구네 집에서 자고 오는 것
- Snack - 간식(오전 간식을 싸가야 함)
- Social Security Number - 사회보장번호(SSN이라고 줄여서 부름. 주민등록번호와 같은 개념)
- Spelling Bee - 영어 철자 시험, 대회
- Spring Break - 봄 방학(1주)
- St. Patrick's Day - 성 패트릭의 날. 초록색 옷이나 액세서리를 많이 하고 옴. (연관어 Leprechaun - 초록색 요정)
- Summer Break - 여름 방학(8주)
- Tooth Fairy - 이빨 요정(아이들의 흔들리는 이를 베게 밑에 넣고 자면 치아를 가져가고 대신 돈을 두고 간다는 이야기)
- Trick or Treat - 아이들이 핼러윈 때 문 앞에서 외치는 소리. 사탕 안 주면 무섭게 한다!
- Tutoring - 개인 과외
- Volunteer - 자원 봉사
- Waiver - 포기 서류(주로 보험 관련해서 쓰임. 미국 대학에서 들어주는 보험이 비싸므로 학교에 Waiver를 제출하고, 개인적으로 국내 유학생 보험을 드는 방식을 사용함)
- Winter Break - 겨울 방학(3주)
- 100th Day of School - 학교 나온 지 100일째 되는 날.

  월요일 "Green Eggs and Ham" Day (Wear Green) – 초록색 옷 입기

  화요일 "Fox In Socks" Day (Crazy Socks) – 양말 특이하게 신고오기

  수요일 "Wacky Wednesday" (Wacky Outfit) – 괴상하고 독특한 옷차림

하고 오기

목요일 “I am NOT going to get up today” (Pajama Day) – 잠옷 입고 오기

금요일 “Happy Birthday Dr. Seuss” (Hat/Red & White) – 빨강 하양 줄무늬 모자 쓰고 오기

참고할 만한 온라인 사이트 목록

www.greatschools.org – 학군

www.google.com/maps – 지도

www.dmv.com – 운전면허

www.Redfin.com – 부동산

www.Rent.com – 부동산

www.Zillow.com – 부동산

www.carmax.com – 중고차 매매 사이트

www.missycoupons.com – 미국 내 한인 여성 커뮤니티

www.koreadaily.com/index_local_branch.html?branch=LA – 미주 중앙일보

www.koreatimes.com – 미주 한국일보

www.radiokorea.com/community – 중고거래가 활발함

www.stubhub.com – 공연, 스포츠, 전시 예매 사이트

www.expedia.com – 여행

www.hotels.com – 여행

www.tripadvisor.com – 여행, 맛집

www.yelp.com – 여행, 맛집

www.priceline.com/home – 여행 관련 예약 시 경매 입찰방식으로 저렴하게 구매할 수 있는 곳

www.google.com/flights?hl=en – 전 세계 항공요금 비교, 예매 사이트

www.samhotour.com – 서부 최대 한인여행사

www.funwithkidsinla.com – LA에서 아이들과 갈 수 있는 곳 정보 제공

www.ebates.com/kr – 쇼핑 금액 적립 경유 사이트

www.costco.com – 쇼핑

www.target.com – 쇼핑

www.macys.com – 쇼핑

www.amazon.com – 서점

www.barnesandnoble.com – 서점

www.scholastic.com – 서점

www.aladin.co.kr – 알라딘 서점 – 미국 전 지역 90$이상 무료 배송, LA 오프라인 중고매장

www.shutterfly.com – 사진 인화 사이트, 미국 반대표 엄마가 반 별로 공간을 만들어서 학교 행사 사진을 올리고 공유하는 곳으로 활용됨

www.picaboo.com – 사진 인화 사이트, 연말에 정액요금으로 무제한으로 사진 넣어 주는 이벤트가 있음. 이때 1년치 사진을 모아서 앨범 한 권씩 만드는 엄마들이 많음

캐나다 여행 일정표

- **여행 기간 :** 2016. 7. 27(수) ~ 2016. 8. 3(수), 7박 8일
- **숙박 일정 :** 캘거리 1박 → 밴프 2박 → 재스퍼 2박 → 밴프 1박 → 캘거리 1박

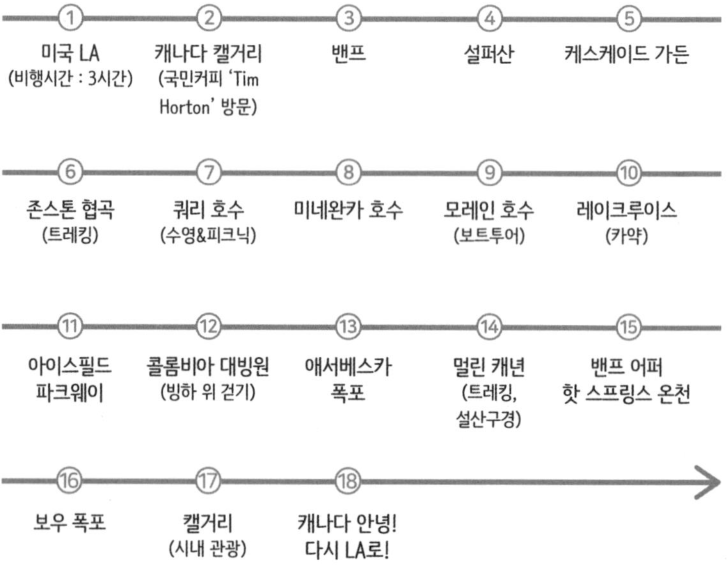

< 7박 8일 캐나다 여행 상세 일정 >

- 7/27(수) : 캘거리 1박
  - 미국 LA → 캐나다 캘거리(비행시간 : 3시간)
  - 캘거리 시내 관광 : 공항에서부터 펼쳐지는 대자연을 만끽할 수 있다. 스타벅스의 인기를 능가하는 캐나다의 국민커피 '팀 호튼Tim Horton'에서 커피 한잔. 시내에서 장을 본 뒤, 숙소에서 바비큐 파티

- 7/28(목) : 밴프 1박
  - 밴프Banff 곤돌라 및 설퍼산Mt Sulfur : 밴프 곤돌라 탑승하여 밴프 인근의 풍경을 한눈에 둘러볼 수 있는 설퍼산으로 올라가 정상에서 밴프 일대 절경 관람
  - 캐스캐이드 가든Cascade Garden : 다양한 종류의 꽃이 만개한 아기자기한 '캐나다식 정원'으로 밴프 다운타운과 눈 덮인 산을 정면에서 바라볼 수 있는 캐스케이드 가든 구경
  - 존스톤 협곡Johnston Canyon : 트레킹

- 7/29(금) : 밴프 1박
  - 쿼리 호수Quarry Lake : 아이들 자유롭게 수영, 피크닉
  - 미네완카 호수Minewanka Lake : 밴프 지역 최대 면적의 호수로, 인디언들은 "죽은 자의 영혼이 만나는 곳"이라고 부른다
  - 모레인 호수Moraine Lake, 페이토 호수Peyto Lake, 보우 호수Bow Lake 등 다수의 캐나다 록키 지역 호수 보트투어

- 7/30(토) : 재스퍼 1박
  - 레이크루이스Lake Louise : 캐나다 록키에 있는 호수 중 가장 아름다운 호수로 연간 관광객이 100만 명에 이름, 1882년 영국 빅토리아 여왕

의 딸인 루이스 공주의 이름을 따왔다. 길이 2.4km, 폭 300m로, 빙하 녹은 물이 흘러 특유의 에메랄드 빛깔이 유명함. 위 호수에서 카약(4인 가족이 카약 탑승하여 노를 저으며 호수 구경)탑승.

– 아이스필드 파크웨이Icefield Parkway : 밴프에서 재스퍼로 가는 230km 구간. 이 도로를 둘러싼 캐나다 록키의 자연환경 자체가 국립공원으로 지정된 특징이 있음. 도로 중간에 아름다운 호수, 빙하 등이 있어 차를 세워 주요 포인트를 구경하는 방식임

– 내추럴 다리Natural Bridge와 요호 국립공원Yoho National Park 방문

• 7/31(일) : 재스퍼 1박

– 콜롬비아 대빙원Columbia Icefields : 해발 3,750m의 콜롬비아 산에서 흘러내리는 빙하로 덮혀 있는 거대한 빙원으로, 북반구에서 북극 다음으로 큼. 거대한 빙하 위를 직접 걷는 놀라운 경험 가능

– 애서베스카 폭포Athabasca Falls : 빙하물이 흘러내린 폭포로, 폭포 위에 놓여 있는 다리에서 바라보는 폭포의 절경과 우렁찬 폭포 소리가 압권임

– 멀린 캐년Maligne Canyon, 메디슨 호수Medicine Lake, 휘슬러산Whistlers Mountain 등 캐나다 록키의 캐년 트레킹 및 호수, 설산 구경

• 8/1(월) : 밴프 1박

– 밴프 어퍼 핫 스프링스 온천Banff Upper Hot Springs : 밴프의 유서 깊은 노천 온천Upper Hot Springs으로 밴프의 설산을 배경으로 온천을 즐김

– 보우 폭포Bow falls : 배우 마릴린 먼로가 주연한 영화 〈돌아오지 않는 강〉의 배경으로 유명한 밴프 인근의 폭포 구경

• 8/2(화) : 캘거리 1박

– 캘거리 시내 관광 : 캐나다의 청정 지역이자 캐나다 소고기의 70%를

생산하는 알버타Alberta 지역의 유명한 '알버타 스테이크' 식사

- **8/3(수) : 미국 LA 도착**
  - Cross Iron Mills 아울렛(Bass Pro Shops 쇼핑)
  - 캐나다 캘거리 → 미국 LA(비행시간 : 3시간)

알아 두면 쓸모 있는 블랙프라이데이Black Friday

운 좋게도 미국의 블랙프라이데이Black Friday를 한 번 더 보내고 귀국했다. 연중 가장 핫한 쇼핑 시즌 블랙프라이데이세일은 빠르면 시즌 열흘 전, 온라인부터 시작된다. 각 브랜드마다 세일 이벤트도 다양한데, 내가 즐겨 이용한 메이시스 백화점Macy's은 100불 이상 구매 시 25불을 기프트카드로 적립해 주는 행사를 했다. 100불씩 끊어서 결제하면 25%의 할인 효과를 누리는 셈이다. 일시적으로 가격 할인까지 들어가면 40~50%까지 할인받는다. 두 번의 경험을 돌아봤을 때 인기 있는 제품들은 오히려 블랙프라이데이 전에 가격이 더 저렴했다.

예를 들어, 내가 10여 년 전에 구입해서 애용하고 있는 WMF압력솥 세트는 블랙프라이데이 직전부터 세일에 들어갔다. WMFAmericas(www.wmfamericas.com/)사이트에서 4.5L와 8.5L세트를 합해서 150불에 팔고 있어 1초의 망설임도 없이 구매했다. 이처럼 블랙프라이데이 쇼핑은 그날부터 시작이 아니라 이전부터 지속적으로 정보가 올라오므로 쇼핑 시즌이 다가오거나 필요한 물건이 생기면 미씨쿠폰(https://www.missycoupons.com/)과 같은 미주 여성커뮤니티의 핫딜 코너를 한 번씩 확인하는 것이 좋겠다.

그리고 옷이나 신발 등의 잡화는 아울렛이나 상점에 직접 가서 사이즈를 보고 입어 본 뒤에 구매하는 것이 좋다. 블랙프라이데이 당일에는 세일 폭이 생각보다 크지 않았으며 예쁜 제품이나 많이 찾는 사이즈는 이미 품절이라 구하기 어렵다는 단점이 있다.

남편은 오바마 전 대통령이 즐겨 입는다는 브룩스 브라더스Brokks Brothers의 옷을 구입했다. 우리나라의 백화점에서 양복 한 벌만 해도 100만 원이 훌쩍 넘는 옷을 상하의 1벌 세트에 25만 원 정도에 구매했다.

아이들은 코스트코에서 로알드달Roald Dahl이나 스타워즈Star wars, 배드키티Bad Kitty, 낸시드루Nancy Drew 시리즈를 샀다. 평소 스콜라스틱북스에서 구매하는 것보다 가격이 훨씬 저렴했고, 입문용으로 읽기 좋도록 구성되어 있어 좋았다. 책의 진열이 그때그때 달라질 수 있으므로 일단 사려고 마음먹은 게 있다면 미루지 말고 사 두면 놓치지 않을 수 있다.

정리하자면 필요한 생활용품은 블랙프라이데이 전 11월 중으로 분명 세일 기간이 있으니 이때 기회를 잡으면 된다. 물론 꾸준히 핫딜 정보란을 체크하면 꼭 이 시즌이 아니어도 더 싸게 살 수 있다. 추후에 물건이 도착하기 전에 쇼핑몰에서 더 싼 가격으로 판매할 경우, 전화나 이메일을 통해 프라이스매치Price Match, 내려간 가격으로 결제해 달라고 요청할 수도 있다. 미국은 이 제도가 통상적이라 대부분 적용할 수 있으니 참고하면 좋겠다. 다만 무조건적인 것은 아니며 시간과 에너지가 소비되는 면도 있으니 잘 따져 봐야 한다.
미국 서부로 가는 분들은 면세지역인 오리건 주State of Oregon에도 가 보기를 추천한다. 귀국하기 전에 시애틀Seattle 자동차 여행을 길게 했는데, 중간에 들렀던 오리건에서 제품이 얼마나 싼지, 그제야 안 것이 너무 아쉬울 정도였다. 평소 사고 싶었던 바이타믹스 믹서기가 마침 세일까지 해서 200불대였고 약 10%의 세금도 면세였다. 세일과 절세가 만나니 가격적으로 아주 매력적인 쇼핑이었다. 쇼핑의 나라라고 불리기도 하는 미국, 그만큼 쇼핑 또한 즐거운 추억으로 남았다. 미국에서의 쇼핑을 기대하는 분들에게 이 말을 하고 싶다. "지금은 아끼고 그때는 아끼지 마시라!"

우리 아이도
미국 유학 갈 수 있을까?

초판 1쇄 인쇄 2019년 5월 23일
초판 1쇄 발행 2019년 5월 30일

지은이 김영주
발행인 김승호
펴낸곳 스노우폭스북스
편집인 서진

책임편집 이현진
편집진행 최민지
마케팅 김정현
SNS 이민우
영업 이동진

디자인 강희연

주 소 경기도 파주시 회동길 37-9, 1F
대표번호 031-927-9965
팩 스 070-7589-0721
전자우편 edit@sfbooks.co.kr
출판신고 2015년 8월 7일 제406-2015-000159호

ISBN 979-11-88331-65-9 03590